特种设备安全与节能技术研究

牟龙龙　郭义帮　褚宏宇 ◎著

吉林科学技术出版社

图书在版编目(CIP)数据

特种设备安全与节能技术研究 / 牟龙龙，郭义帮，
褚宏宇著. -- 长春：吉林科学技术出版社，2022.8
ISBN 978-7-5578-9362-0

Ⅰ．①特… Ⅱ．①牟…②郭…③褚… Ⅲ．①设备安
全—研究②设备—节能—研究 Ⅳ．①X93-53②TB4-53

中国版本图书馆 CIP 数据核字(2022)第 113563 号

特种设备安全与节能技术研究

著	牟龙龙 郭义帮 褚宏宇	
出 版 人	宛 霞	
责任编辑	赵维春	
封面设计	北京万瑞铭图文化传媒有限公司	
制 版	北京万瑞铭图文化传媒有限公司	
幅面尺寸	185mm×260mm	
开 本	16	
字 数	213 千字	
印 张	13.25	
印 数	1-1500 册	
版 次	2022年8月第1版	
印 次	2022年8月第1次印刷	

出 版 吉林科学技术出版社
发 行 吉林科学技术出版社
地 址 长春市南关区福祉大路5788号出版大厦A座
邮 编 130118
发行部电话/传真 0431-81629529 81629530 81629531
81629532 81629533 81629534
储运部电话 0431-86059116
编辑部电话 0431-81629510
印 刷 廊坊市印艺阁数字科技有限公司

书 号 ISBN 978-7-5578-9362-0
定 价 48.00 元

前 言

特种设备是指对人身和财产安全有较大危险的锅炉、压力容器（含气瓶）、压力管道、电梯、起重机械、客运索道、大型游乐设施、场（厂）内专用机动车辆等设备设施。特种设备是一个国家经济水平的代表，是国民经济的重要基础装备。由于特种设备具有潜在较大危险性，使用不当，可能发生事故，世界上多数国家对其实施严格监管。特种设备安全监察是我国质检工作的重要组成部分。

特种设备安全关系人民生命安全，关系国家经济运行安全和社会稳定，是公共安全的重要组成部分。因此，保证特种设备安全，预防和减少事故，对维护人民生命财产安全、保障经济安全运行，促进经济社会又好又快发展，具有重大意义。机电类特种设备是我国经济建设和人民生活中广泛使用的具有潜在危险的重要设备和设施，一旦发生事故，不仅毁坏设备，破坏生产，造成重大的经济损失，而且会造成人员伤亡和社会不安定，其后果十分严重。无损检测技术在确保机电类特种设备制造安装质量和安全运行中具有重要作用。

无损检测是建立在现代科学技术基础上的一门应用型技术学科。无损检测技术是利用物质的某些物理性质因存在缺陷或组织结构上的差异使其物理量发生变化这一现象，在不损伤被检物使用性能及形态的前提下，通过测量这些变化来了解和评价被检测的材料、产品和设备构件的性质、状态、质量或内部结构等的一种特殊的检测技术。无损检测技术的应用对于控制和改进生产过程和产品质量，保证材料、零件和产品的可靠性及提高生产率起着重要作用，在保证质量，保障安全、节约能源及资源、降低成本、提高成品率和劳动生产率方面起到积极的促进作用。

而特种设备的固有质量及其保持是保证特种设备安全运行的基础，对特种设备进行有效的、有针对性的质量监督是保证和保持特种设备固有质量的关键之一。自机电类特种设备的安全监察和监督检验工作开展以来，机电类特种设备的质量监督者经过探索和实践，积累了大量经验，对保证特种设备的安全运行起到了很大的促进作用。

目录

第一章 特种设备的基础知识概述

第一节 金属的基本性能

一、金属材料性能的基础知识

金属材料具有各种不同的使用性能，包括机械性能、物理性能、化学性能和工艺性能。对用于制作金属结构的材料来说，最重要的是机械性能。本节简要介绍机械性能和物理性能。

（一）机械性能

金属材料的机械性能是指金属在外加载荷作用下或载荷与环境因素联合作用下所表现的行为。这种行为通常表现为金属的变形和断裂。因此金属材料的机械性能可以简单地理解成金属抵抗外加载荷引起的变形和断裂的能力。金属在一定温度条件下承受外力（载荷）作用时，抵抗变形和断裂的能力称为金属材料的机械性能（也称为力学性能）。金属材料的机械性能指标包括强度、硬度、塑性、韧性等。

1.强度

这是表征金属材料在外力作用下抵抗永久变形和断裂的能力。

2.硬度

硬度是固体材料表面抵抗局部变形，特别是塑性变形、压痕或划痕的能力，或者说是材料对局部塑性变形的抵抗能力，是衡量金属软硬的力学性能指标。硬度与强度有着一定的关系，一般说来，金属的硬度越高，则强度越高，而塑性和韧性越低。

3.塑性

金属材料在外力作用下产生永久变形而不被破坏的最大能力称为塑性，

通常以拉伸试验时的试样标距长度伸长率 A（%）和试样断面收缩率 Z（%）表示。A 与 Z 值越大，表明材料的塑性越好。

4. 韧性

韧性又称为韧度，是指金属在冲击载荷作用下抵抗破坏的能力。

5. 疲劳强度极限

金属材料在长期的反复应力作用或交变应力作用下（应力一般均小于屈服极限强度 ReL），未经显著变形就发生断裂的现象称为疲劳破坏或疲劳断裂。

除了上述五种最常用的力学性能指标外，对一些要求特别严格的材料，例如航空航天以及核工业、电厂等高温环境下使用的金属材料，还会要求下述一些力学性能指标：

蠕变极限：在恒定温度和恒定拉伸载荷下，试样在规定时间内的蠕变伸长率（总伸长或残余伸长）或者在蠕变伸长速度相对恒定的阶段，蠕变速度不超过某规定值时的最大应力，称为蠕变极限。

高温拉伸持久强度极限：试样在恒定温度和恒定拉伸载荷作用下，达到规定的持续时间而不断裂的最大应力。

（二）物理性能

金属的物理性能主要考虑：

1. 密度（比重）ρ

$\rho = P/V$。单位：g/cm^3 或 t/m^3，式中 P 为重量，V 为体积。

在实际应用中，除了根据密度计算金属零件的重量外，很重要的一点是考虑金属的比强度（强度 Rm 与密度 ρ 之比）来帮助选材，以及与无损检测相关的声学检测中的声阻抗（声速与密度的乘积）和射线检测中密度不同的物质对射线强度有不同的吸收能力等。

2. 熔点

金属由固态转变成液态时的温度称为熔点，它对金属材料的熔炼、热加工有直接影响，并与材料的高温性能有很大关系。

3. 热膨胀性

随着温度的变化，材料的体积也发生变化（膨胀或收缩）的现象称为热膨胀，多用线膨胀系数衡量，亦即温度变化 1℃时，材料长度的增减量与其温度变化前的长度之比。热膨胀性与材料的比热有关。在实际应用中还要考虑比容的变化（比容即体积与质量之比，它表征材料受温度等外界因素影响时，单位质量的材料其体积的增减程度），特别是对在高温环境下工作，或者在冷、热交替环境中工作的金属零件，必须考虑其热膨胀性对使用性能可能造成的影响。

4.磁性

能够吸引铁磁性物质的性质为磁性，它反映在磁导率、剩余磁感应强度、矫顽磁力等参数上，从而可以把金属材料分成顺磁与抗磁、软磁与硬磁材料。

5.电学性能

主要考虑其电导率，在电磁无损检测中对其电阻率和涡流损耗等都有影响。

二、常用金属材料

金属的分类可按化学成分、质量等级和主要性能及使用特性分类。常用金属材料有碳素钢、低合金钢、合金钢、高合金钢、铸铁和有色金属。

（一）各种元素对钢性能的影响

1.碳（C）的影响

碳是钢中最主要的元素之一，对钢的性能起着决定性的作用，尤其是对力学性能的影响更为显著。在碳的质量分数小于0.77%的碳素钢中，随含碳量增加，钢的强度和硬度升高（Fe与C结合生成Fe_3C），高温强度得以提高，而塑性和韧性降低。当碳的质量分数超过0.77%以后，硬度虽继续升高，但强度、塑性和韧性都降低，脆性增大。这是由于碳含量大于0.77%（质量分数）后，析出的二次渗碳体以网状分布在珠光体晶粒周围的晶界上，削弱了晶粒结合力，加大了钢的脆性，从而也使强度急剧降低。

在不锈钢材料中的碳易与铬化合形成（CrFe）23C6，造成晶间贫铅。不锈钢与腐蚀性介质接触后在晶界易发生腐蚀（即晶间腐蚀）。

2.硫（S）的影响

硫是钢中的主要杂质之一，对钢的性能影响很大。在室温下，钢中硫一般不溶于铁，而与铁化合生成低熔点（熔点约为1190℃）的化合物FeS，还会进一步与铁发生共晶反应，生成熔点更低的共晶体FeS-Fe（熔点为985℃）。共晶体分布在钢中晶粒间的界面上。由于钢材的热压力加工温度均高于此共晶温度，所以，在锻造、轧制等加热过程中，共晶体易发生熔化，削弱了晶界的强度，一经锻、轧就会沿晶界开裂。这种因含硫过高而引起的开裂现象称为硫的"热脆性"。

铸钢虽不锻造和轧制，但若含硫过高，在铸造应力的作用下也有可能发生热裂现象。硫还会与钢中杂质形成非金属夹杂而降低钢的强度和韧性。所以，常把硫看作钢中的有害杂质，应予以严格控制，从而保证质量。

3. 磷（P）的影响

磷也是钢中主要杂质之一，对钢的性能也有较大的影响。磷在高温时溶解于铁中，而低温时则以 Fe_3P（硬脆化合物）的形式析出在晶界上，削弱了晶界的强度，降低了金属的塑性和韧性，而且温度越低，脆性越明显。这种在常温下出现的脆性称为"冷脆性"。冷脆给低温下使用的金属带来了很大的危害，容易发生低温下的脆断现象，给冷变形加工也带来了开裂的可能性。所以，磷也看作为钢的有害杂质，炼钢时要严格控制其含量。

4. 锰（Mn）的影响

锰有较强的脱氧能力，常作为冶炼时的脱氧剂加入钢中，以提高钢液的质量。

锰在钢中能提高钢的强度和硬度（生成碳化物），因此，适当提高锰在碳钢中的含量，有利于提高碳钢的强度，如优质碳素钢 Mn 的质量分数为 0.7% ~ 1.2%。另外，锰是促进形成奥氏体相元素，在不锈钢中可代替部分镍。

锰在钢中能与硫首先化合形成高熔点的（熔点 1620℃）硫化物 MnS，从而减轻了硫在钢中的有害作用。所以，冶炼时加入适量的锭，不但能清除 FeO，还能清除硫的有害影响。

5. 硅（Si）的影响

硅也有较强的脱氧能力，加入钢中能清除 FeO，改善钢的质量。硅能提高钢的强度和硬度，故被看作钢中的有益元素。

但是，硅能促使钢中碳化物 Fe_3C 分解，生成石墨，从而破坏钢的组织，使力学性能降低。所以，冶炼时要适当控制硅的含量，目前碳钢中 Si 的质量分数均小于 0.4%。

6. 铬（Cr）的影响

形成铁素体、增加耐腐蚀性、提高抗氧化性，铬能强烈阻止碳石墨化 [铬与碳亲和力很大，易生成（CrFe）23C6，M23C6，M 主要指 Cr]。

7. 钴（Co）的影响

提高金属材料的高温强度。

8. 铌（Nb）的影响

形成铁素体（阻止奥氏体晶粒长大，细化晶粒）、生成碳化物、防止晶间腐蚀、提高金属材料的高温强度、增强时效硬化。

9. 铜（Cu）的影响

增加金属材料的耐腐蚀性、增强时效硬化。

10. 钼（Mo）的影响

形成铁素体、生成碳化物、增加金属材料的耐腐蚀性、提高金属材料的高温强度（形成弥漫组织）。

11. 镍（Ni）的影响

形成奥氏体、增加金属材料的耐腐蚀性、提高金属材料的抗氧化性和高温强度。

12. 钛（Ti）的影响

形成铁素体、生成碳化物、提高金属材料的抗氧化性和高温强度、增强金属材料的时效硬化。

13. 钨（W）的影响

形成铁素体、生成碳化物、提高金属材料的高温强度。

14. 钒（V）的影响

形成铁素体、生成碳化物、提高金属材料的高温强度。

碳钢在高温下氧化，生成的氧化铁，由于结构松散，不能阻止氧对氧化层下面的金属进一步氧化，所以碳钢的抗氧化性能不好。在钢中加入铬 Cr、铝 Al、硅 Si 和镍 Ni 就可以显著提高钢材的抗氧化能力。因为 Cr、Al、Si、Ni 这些元素在金属内能很快扩散到表面与氧生成致密的氧化膜，可以有效地阻止氧与薄膜下面金属进一步氧化，所以含有 Cr、Al、Si、Ni 元素的钢材抗氧化能力得以大大提高。

碳钢在 400℃以上就要产生蠕变。蠕变是因为金属在高温下晶粒界面发生移动。在金属中加入 Cr、Mo、V、Mn、W、Ti 等元素与金属中的碳生成细小的碳化物，这些碳化物均匀地分布在晶界上，使晶界滑动的阻力增加，从而使金属的抗蠕变能力显著提高。锅炉过热器常用的材质为 12CrlMoV、15CrMoV，其中 Cr、Mo、V 三种合金元素就可起到提高金属抗氧化、抗蠕变的作用。

此外，碳钢中还可能存在少量的氢（H）、氧（O）、氮（N）等元素和各种金属或非金属夹杂物，它们也在不同程度上影响着钢的性能。

（二）碳素钢

碳素钢又称碳钢，是指碳的质量分数 wc < 1.5%，不含特意加入的合金元素，而是含有少量的 S、P（有害杂质）、Si、Mn 的铁碳合金的总称。在 GB/T 13304.1–2008《钢分类第 1 部分：按化学成分分类》中将碳素钢列为非合金钢。考虑大多数现行标准的名称，本节仍采用碳素钢这一术语。

碳素钢之所以应用广泛，主要是因为它具有许多优良的性能，能基本上满足加工和使用的要求，同时还具有冶炼容易、资源丰富、价格便宜等优点。因此，在工程建筑、交通运输、机械制造和国防等领域得到广泛应用，被大量用于制造工程结构、机械零件和各种工具等。这类钢材常加工成角钢、槽钢、工字钢等各种型钢，以及钢板、扁钢、棒材等供用户选用。碳素钢的产量约占全部钢产量的 70% 以上。

（三）合金钢

为了改善和提高碳钢的使用性能和工艺性能，在冶炼过程中特意加入一种或几种合金元素，使钢进一步合金化，这一类钢称为合金钢。加入钢中的合金元素常见的有 Mn、Si、Cr、W、Al、V、Nb、Ni 等。

在钢的产量中，合金钢占 15% 左右，虽然比重不大，但却是发展高科技产品的重要材料。

三、压力容器常用钢材

（一）压力容器常用碳素钢牌号及特性

压力容器常用的碳素钢牌号有 Q235B、Q235C、Q245R 等，它们都属低碳钢，一般以热轧或正火状态供货，常温的金相组织为铁素体 Fe+ 珠光体 P。

低碳钢供应方便、价格便宜，具有良好的塑性和韧性，虽然强度较低，但仍能满足一般容器的要求。低碳钢加工工艺性能好，特别是焊接性好、焊后热处理要求低。低碳钢使用可靠性好，正常情况下不会脆性断裂，应力腐蚀倾向小。

压力容器常用的碳素钢有碳素结构钢和专用碳素结构钢两类。GB150.2-2011列入的碳素钢板有Q235、Q245R等，碳素钢管有10、20等，碳素钢锻件有20、35等，碳素钢螺柱和螺母有Q235、35等。

（二）压力容器用低合金钢牌号及特性

1. 压力容器用低合金钢牌号

压力容器使用的低合金钢材有四类：钢板、钢管、锻件和螺柱，其中用量最大的是钢板。国产压力容器用低合金钢板的标准和牌号如下：

GB 713-2014《锅炉和压力容器用钢板》包括以下低合金钢板：Q345R、Q370R、Q420R、18MnMoNbR、13MnNiMoR、15CrMoR、14Cr1MoR、12Cr2Mo1R、12Cr1MoVR、12Cr2Mo1VR、07Cr2AlMoR。

GB 3531-2014《低温压力容器用钢板》包括以下低合金钢板：16MnDR、15MnNiDR、15MnNiNbDR、09MnNiDR、08Ni3DR、06Ni9DR。

GB 6653-2008《焊接气瓶用钢板和钢带》包括以下钢板：HP325、HP345。

GB 19189-2011《压力容器用调质高强度钢板》包括以下钢板：07Mn-MoVR、07MnNiVDR、07MnNiMoDR、12MnNiVR。

2. 压力容器用低合金钢特性简介

（1）Q345R

在低合金钢中Q345R的用量最大，按规定其抗拉强度在510MPa～640MPa（3mm～16mm）。钢板以热轧状态、控轧或正火状态交货，主要用于制造-20℃～475℃的中、低压石油化工设备和球罐。

Q345R具有良好的力学性能，一般在热轧状态下使用。对于中、厚板材可进行900℃～920℃正火处理，正火后强度略有下降，但塑性、韧性、低温冲击值都显著提高。

Q345R的可焊性良好，钢板厚度W34mm时焊前不需预热，厚度大于34mm时，通常焊前预热至100℃～150℃对于重要的受压元件和钢板厚度大于34m目的构件，焊后需进行消除应力热处理，通常是加热至600℃～650℃，保温后空冷。

Q345R耐大气腐蚀性能优于低碳钢，其腐蚀速率比Q235A钢板低

20% ~ 28%，在海洋环境中也有较好的耐蚀性。该材料的缺口敏感性大于碳素钢，在有缺口存在时，疲劳强度下降，且易产生裂纹。

（2）07MnMoVR

07MnMoVR 钢板是在 C-Mn 钢的基础上，通过多元微合金化得到以回火低碳马氏体为基的低合金高强钢，可用于制造 -20℃ ~ 200℃石油化工用大型低温球罐及各种容器。钢板调质状态的组织为板条状回火马氏体和回火索氏体及贝氏体，其比例随板厚部位而异，贝氏体在钢板表面约占 1/3，心部稍超过一半。抗拉强度在 610MPa ~ 730MPa 范围内。

07MnMoVR 为低焊接裂纹敏感性钢。该钢种 C 小于 0.09%，通过添加微量合金获得高强度和高韧性，其 S、P 含量低，从而焊接性能和低温韧性优良。壁厚不大于 32m 目的钢板焊前可不预热或稍加预热，焊后不热处理。07MnMoVR 与其他低合金高强度钢不同之处在于低碳多元微量合金化，07MnMoVR 降低了碳含量，用多种微量元素铬、铝、钼等来补偿因碳含量降低而带来的强度损失，并使钢的回火抗力得到提高。钢中合金元素的选择及其含量的匹配，既保证了钢的强度和韧性，又着重考虑了焊接性能的要求。钢的碳当量 C* 能控制在 0.4% 以下，焊接冷裂纹敏感指数能控制在 0.2% 以下。07CrMoVR 的特点是高强度、高韧性、低焊接冷裂纹敏感性，即使不预热或降低预热温度进行焊接，也不会产生裂纹。

（3）18MnMoNbR

18MnMoNbR 钢板是在 C-Mn 钢基础上加少量 Mo、Nb 来提高强度的低合金高强钢。主要用于制作 -10℃ ~ 475℃的高压容器，在正火加回火状态下供货，其抗拉强度在 570MPa–720MPa 范围内。

18MnMoNbR 在热轧状态下，晶粒粗大，韧性偏低，故一般在热处理后使用。它可以施行两种热处理工艺：一种是在 950℃ ~ 980℃正火后，再在 620℃ ~ 650℃回火；另一种是调质处理。正火加回火后，钢的显微组织为低碳贝氏体，而调质处理后，钢的显微组织中出现低碳马氏体。

18MnMoNbR 的可焊性尚好，但有一定的淬硬倾向。焊接工艺中最关键的措施是焊前预热和焊后的消氢处理，否则容易产生氢致延迟裂纹。

（4）13MnNiMoR

13MnNiMoR 钢板是代替进口的 BHW35（Rm > 568MPa 的超高压锅炉

锅筒用钢）的低合金高强钢，主要用于制造常温或中温高压容器。正火加回火后钢板的抗拉强度在 570MPa ~ 720MPa 范围内。

这种钢强度高、塑性好、冷脆转变温度低，可用于制造厚壁压力容器。一般经正火并回火后使用，如果要求特别高的韧性，推荐采用下列热处理规范：在 970℃ ~ 990℃ 正火，炉冷至 920℃ ~ 890℃，均热后在静止空气中冷却，然后于 580℃ ~ 690℃ 回火。

（三）压力容器用低合金耐热钢牌号及特性

低合金耐热钢主要用于制造石油化工和合成氨生产中的压力容器。在临氢、临氮条件下服役，首先要求这些钢具有中温强度和中温抗氢、氮性能。常用低合金耐热钢按成分可分为钼钢、铬钼钢和铬钼钒钢三类。按材料显微组织可分为珠光体钢和贝氏体钢两类，属于珠光体耐热钢的牌号有 0.5Cr-0.5Mo（12CrMo）、1.0Cr-0.5Mo（15CrMo）、1.25Cr-0.5Mo（14Cr1Mo）、1Cr-0.5Mo-V 等。属于贝氏体耐热钢的牌号有：2.25Cr-IMo（12Cr2Mo1）、2.25Cr-1Mo-V、3Cr-1Mo-V。

GB 150-2011《压力容器》列入了 GB713《锅炉和压力容器用钢板》中的 15CrMoR（1Cr-0.5Mo），14Cr1MoR（1.25Cr-0.5Mo）、12Cr2Mo1R（2.25Cr-1.0Mo）、12Cr1MoVR、12Cr2Mo1VR（2.25Cr-1Mo-V）等低合金铬钳钢。

（四）压力容器低温用钢牌号及特性

低温钢主要用于在严寒地区的一些工程结构和各种低温装置（-40℃ ~ -196℃），如空气分离、石油制品深加工、气体净化等工艺设备，以及低温乙烯、液化天然气的储存容器等。与普通低合金钢相比，低温钢必须保证在相应的低温下具有足够高的低温韧性，对强度则无特殊要求。

（五）压力容器用不锈耐酸钢牌号及特性

1. 奥氏体不锈钢

奥氏体不锈钢一般以固溶热处理状态供货，其屈服点低，塑性、韧性好，焊接性优良。奥氏体类不锈钢不出现低温脆性，可以作为低温用钢。同时，奥氏体类钢还具有良好的高温性能，也可作耐热钢。

常用奥氏体钢牌号：12Cr18Ni9（1Cr18Ni9）、06Cr19Ni10（0Cr18Ni9）、06Cr18Ni11Ti（0Cr18Ni10Ti）、022Cr17Ni12Mo2（00Cr17Ni14Mo2）、

022Cr18Ni14Mo2Cu2（00Cr18Ni14Mo2Cu2）、06Cr17Ni12Mo2N（0Cr17Ni12Mo2N）。

2. 马氏体不锈钢

这类钢在高温下为单相奥氏体，淬火后得到马氏体组织。

Cr13 系的几个钢号含有相同铬量，而含碳量不同。随着碳量的增加，钢的强度、硬度、耐磨性显著提高，而耐蚀性下降。

这类钢的最终热处理一般是淬火加回火，回火经常采用两种规范：当要求较高的综合力学性能和耐蚀性能时，采用 200℃～300℃ 的低温回火；当要求较好的组织稳定性和一定的耐蚀性时，则采用 600℃～700℃ 的高温回火。

常用马氏体钢牌号：06Cr13（0Cr13）、12Cr13（1Cr13）、20Cr13（2Cr13）、30Cr13（3Cr13）。

3. 高铬铁素体不锈钢

这类钢在加热和冷却时都不发生 $\alpha \leftrightarrow \gamma$ 相变，始终保持铁素体组织。这类钢由于含有较多的铬（质量分数 17% 以上），故抗氧化性强，并在各种腐蚀性介质中有良好的耐蚀性。

但这类钢使用中存在下列问题：其一，由于加热和冷却时不发生相变，因而无法用热处理方法改变其组织和改善其性能。高温加热和焊接时易造成晶粒粗化，且不能通过热处理使晶粒细化。其二，高铬铁素体不锈钢在 400℃～500℃ 长期加热后，常会出现强度升高，韧性急剧下降，并且耐蚀性也降低的现象。这种现象多发生在 475℃ 附近，故称为 475℃ 脆化。其三，高铬铁素体钢在 500℃–820℃ 范围内长期加热后，会产生 σ 相，导致钢的韧性大幅度下降。

常用铁素体钢牌号：022Cr17Ti（00Cr17）、008Cr27Mo（00Cr27Mo）。

4. 双相不锈钢

这类钢具有奥氏体和铁素体两个组织，两相的相对含量取决于合金元素的性质及其含量。由于这类钢中除铬外，钼、钛、铜等元素含量也较高，因而具有较好的耐腐蚀性。

双相钢具有较好的可焊性，焊后不需热处理，并且晶间腐蚀、应力腐蚀开裂的倾向较小。

常用双相不锈钢牌号：14Cr18Ni11Si4AlTi（1 Cr18Ni11Si4AlTi）、022Cr19Ni5Mo3Si2N、022Cr22Ni5Mo3N、022Cr23Ni5Mo3N。

第二节 设备的基本情况

一、特种设备的概念

特种设备是指对人身和财产安全有较大危险性的锅炉、压力容器（含气瓶）、压力管道、电梯、起重机械、客运索道、大型游乐设施、场（厂）内专用机动车辆，以及法律、行政法规规定适用《中华人民共和国特种设备安全法》（以下简称《特种设备安全法》）的其他特种设备。

特种设备是我国的一个专有名词。国际上虽然对锅炉、压力容器、压力管道、电梯、起重机械、客运索道、大型游乐设施、场（厂）内专用机动车辆等设备进行安全监督管理，但是还没有形成特种设备的统一概念。

按照特种设备所包含的八类设备的特点，可将特种设备划分为承压类特种设备和机电类特种设备。承压类特种设备包括锅炉、压力容器（含气瓶）、压力管道，机电类特种设备包括电梯、起重机械、客运索道、大型游乐设施、场（厂）内专用机动车辆。

特种设备是经济发展的重要基础设备，是一个国家经济发展水平的标志之一。我国现有的特种设备生产企业5万多家，已经形成从设计、制造、检测到安装、改造、维修等完整的产业链，年产值达1.3万亿元。

特种设备具有在高温、高压、高速条件下运行的特点，是人民群众生产和生活中广泛使用的具有潜在危险的设备，有的在高温高压下工作，有的盛装易燃、易爆、有毒介质，有的在高空、高速下运行，一旦发生事故，会造成严重人身伤亡及重大财产损失。对此，世界各国政府十分重视其安全，不断探索、寻找解决办法，对这类设备、设施均实行特殊监管，以保障安全。

二、我国特种设备的发展特点及发展趋势

（一）我国特种设备的发展特点

1.在用特种设备数量快速增长

近10年来，我国在用特种设备数量快速增长。我国在用特种设备的增长率，与国内生产总值增长率成正比。

2. 特种设备制造业发展迅速

①特种设备制造业在国民经济发展中已经占有相当的比重。

②伴随着我国经济快速持续健康协调发展，特种设备制造业呈现高速发展态势。

③特种设备制造业已形成区域性产业带。

（二）我国特种设备的发展趋势

1. 更高效

为了实现更高的效率，电站锅炉、加氢反应器、压力管道、起重机械、大型游乐设施、客运索道等特种设备，向高参数、大型化方向发展。

2. 更安全

随着科技的进步，大量新材料、新的保护装置及先进技术不断应用于特种设备，提高了特种设备的安全性能。

3. 更环保、更节能

随着我国可持续发展战略的实施，节能、环保问题是社会关注的一个焦点。特种设备也出现了许多环保、节能型产品。如垃圾焚烧锅炉，循环流化床锅炉，电梯采用永磁同步无齿轮曳引机、工程塑料或纤维曳引绳带，赛车类、观光车类大型游乐设施采用环保型电池等。

4. 更具人性化

如医用氧舱加装舱内外互动设施，在治疗中患者可以与医生交谈或者收听音乐，缓解患者的紧张情绪，对治疗十分有利；电梯应用智能网络控制、远程监控、远程维修等技术，使电梯能够实现的服务功能以及维护保养的及时性与便捷性更趋于人性化；人机工程学把起重机械、人和作业环境作为整个系统来研究，创造一种人与起重机械最佳相互作用状态，如按人机工程学理论设计的司机室，布置更加合理，可降低司机疲劳程度和提高工作效率；虚拟现实技术、激光技术、网络技术等高新技术越来越多地应用于游乐设施中，新型游乐设施可采用多种运动方式复合，融声、光、电于一体，并结合游人的主动参与，给人一种全新的体验；有的客运索道站台和吊厢专门设计了方便残疾人乘坐的设施，有的风景名胜区客运索道还备有内部装饰华丽，设有空调、冰箱，乘坐舒适的豪华吊厢供游客享用。

第二章 锅炉设备安全

第一节 锅炉的安全监督管理

一、锅炉设计的安全监察

锅炉的设计应符合安全、可靠和节能的要求。

锅炉的设计文件，应当经国务院特种设备安全监督管理部核准和检验检测机构鉴定，方可用于制造。

取得锅炉制造许可证和单位对其制造的锅炉产品设计质景负责。

二、锅炉制造的安全监察

锅炉制造安全监督包括对锅炉制造厂实行许可证和产品监督检验两项制度。

锅炉制造单位，应当经国务院特种设备安全监督管理部门许可，方可从事相应的活动。

锅炉制造单位应当具备下列条件：

（1）有与特种设备制造相适应的专业技术人员和技术工人。

（2）有与特种设备制造相适应的生产条件和检测手段。

（3）有健全的质量保证制度和责任制度。

锅炉制造过程必须经国务院特种设备安全监督管理部门核准的检验测机构按照安全技术规范的要求进行监督检验；未经监督检验合格的不得出厂或者交付使用。

三、锅炉安装、改造和维修的安全监察

对锅炉安装、改造和维修的安全监督包括三个方面。

一是对安装、改造和维修单位实行许可制度。其单位应具备与制造单位相同的条件，并经国务院特种设备安全监督管理部门许可，方可从事相应的活动。锅炉的安装、改造和维修必须由取得许可证的单位进行。

二是锅炉安装、改造和维修的施工单位应当在施工前将拟进行的安装、改造和维修情况书面告知直辖市或设区的市的特种设备安全监督管理部门，告知后即可开工。

三是锅炉的安装、改造和重大维修过程，必须经国务院特种设备监督管理部门核准的检验检测机构进行监督检验；未经监督检验不得交付使用。

四、锅炉使用的安全监察与管理

（一）锅炉使用登记制度

锅炉在投入使用前或投入使用30日内，使用单位应当向直辖市或者区特种设备安全监督管理部门登记，取得锅炉使用证，登记标志应当置于该特种设备的显著位置，才能将锅炉投入运行。

（二）人员持证上岗制度

锅炉的作业人员及其相关管理人员（统称特种设备作业人员），应当按照国家有关规定性特种设备安全监督管理部门考核合格，取得国家统一格式的特种设备作业人员证书，方可从事相应的作业或者管理工作。一般每四年进行一次复审。

司炉资格证分为三级，见表2-1。

表2-1 司炉资格证分级表

分级	项目代号	允许操作的锅炉
I级	G1	额定工作压力小于或等于0.4MPa且额定蒸发量小于或等于0.5℃/h的蒸汽锅炉，以及额定热功率小于或者等于0.7MW的热水锅炉，有机热载体锅炉
II级	G2	额定工作压力小于3.8MPa的蒸汽锅炉，以及热水锅炉、有机热载体锅炉
III级	G3	额定工作压力大于或者等于3.8MPa的蒸汽锅炉

水处理人员资格证分为二级，见表2-2。

表2-2 锅炉水处理人员资格证分级表

分级	项目代号	允许操作的锅炉
I级	G4	额定工作压力小于3.8MPa的蒸汽锅炉，以及热水有机热载体锅炉
II级	G5	额定工作压力大于或等于3.8MPa的蒸汽锅炉

（三）定期检验制度

锅炉定期检验应当是使用单位的自行检验（包括运行中的维修保养和小修、大修等）与安全监管理部门核准的检验检测机构进行的监督检验相结合，这对于及时发现锅炉设备潜在的缺陷以及管理中存在的问题、预防事故的发生有着十分重要的意义。

锅炉使用单位应当按照安全技术规范的要求，在检验炉使用效期届满前 1 个月向特种设备检验机构提出定期检验要求。

特种设备检验机构接到定期检验要求后，应当按照安全技术规范的要求及时进行安全性能检验。锅炉使用单位应当将定期检验标志置于该特种设备的显著位置。

未经定期检验或者检验不合格的特种设备，不得继续使用。

（四）监督检验

从事锅炉监督检验的检验检测机构，应当经国务院特种设备安全监督管理部门核准。

锅炉检验检测工作应当符合安全技术规范的要求。

第二节 锅炉的检验与维修

一、概述

（一）锅炉检验与维修的重要性

1.可及时发现并消除隐患，防患于未然

历次锅炉事故的调查结果表明，不少事故隐患，来之于新造新装的锅炉，如结构不合理、钢材选用不当、强度计算错误、制造质景低劣、安装质量不符合规范等等，这些都是将来在运行中酿成事故的重大隐患。因此，对新造、新装锅炉进行安全技术性能监督检验，防止质量不合格的锅炉投入运行是十分必要的，也是锅炉安全运行的先决条件。但是，即使抓好了锅炉设计、制造、安装等涉及锅炉先天质量的几个环节，也绝不能忽视对在用锅炉的检验与维修。因为锅炉通过一段时间的运行，一方面，有些未发现的先天性缺陷和隐患可能会暴露出来；另一方面，在运行中因操作、管理不到位等原因还可能产生新的缺陷和隐患。因此，就必须有计划地对锅炉进行日常的或定期的检验和维修工作，以便及时发现锅炉先天和运行中产生的缺陷和隐患，掌握其发生与发展的规律，从而防止事故的发生。

2. 弥补缺陷、延长使用寿命

锅炉的轻微缺陷，如不及时修复，就会加速损坏，缩短使用寿命。不少锅炉由于没有进行检验，有了缺陷未能及时发现、及时修理，结果只使用了很短时间就被迫报废，造成不必要的损失。

3. 实现安全、经济、连续运行，保障生产、生活的正常进行

按照锅炉运行状况，实行有计划的检验与维修，及时处理缺陷和隐患，就不至于在不允许停炉的时候，因发现缺陷或出现事故，造成被迫停炉的被动局面，这对满足企业生产和人民生活的需要起到了保障作用。

4. 堵塞漏洞，节约能源

锅炉是高耗能设备，耗用燃料所占比重很大，而许多锅炉由于跑、冒、滴、漏严重，该保温的未保温，受热面结垢，燃烧不完全等原因，使锅炉的热效率下降，浪费了不少燃料。通过检验，这些问题都可以及早发现，并通过维护、维修及时堵塞这些漏洞，减少损失。

（二）在用锅炉定期检验与维修及分类

1. 外部检验

外部检验有两种情况：一种是由锅炉使用单位司炉人员与锅炉房安全管理人员在锅炉运行中进行的经常性的检查，具体的检查内容及要求根据锅炉的结构和特点在《巡回检查制度》做了规定；另一种则是由法定检验机构的持证检验人员，按《锅炉安全技术监察规程》的规定对运行的锅炉进行外部检验，其外部检验周期是每年进行一次。

2. 内部检验

这种检验一般是在锅炉有计划的停炉检修时或锅炉化学清洗前后进行。通过内部检验，检验员要对锅炉设备状况做出整体评价，对存在的缺陷提出处理意见，最后做出能否继续使用的结论。如需对受压元件进行修理，修理后应进行再检验，合格后方能投用。

内部检验的周期，锅炉一般每 2 年进行一次。成套装置中的锅炉结合成套装置的大修期进行，电站锅炉结合锅炉检修同期进行，一般每 3～6 年进行一次。首次内部检验在锅炉投入运行一年后进行，成套装置中的锅炉和电站锅炉可以结合第一次检修进行。除正常的定期检验外，锅炉有下列情况之一时，亦应进行内部检验：

（1）移装锅炉投运前。

（2）锅炉停止运行1年以上恢复运行前。

3.水（耐）压试验

检验人员或者使用单位对设备安全状况有怀疑时，应当进行水（耐）压试验；因结构原因无法进行内部检验的锅炉，应当每3年进行一次水（耐）压试验。

4.定期检验项目的顺序

外部检验、内部检验和水（耐）压试验在同一年进行时，一般首先进行内部检验，然后进行水（耐）压试验、外部检验。

（三）锅炉维修及分类

1.运行中的维修

是指锅炉在运行中处理临时发生的故障，以保证锅炉设备安全运行和减少热损失，如保持安全附件的灵敏可靠，维护保养辅助设备，检修管道，堵塞阀门的跑、冒、滴、漏等等。但必须注意任何时候都不得在有压力的情况下修理锅炉受压元件。

2.定期维修

指按预定计划停炉，对在运行中发现的缺陷进行的维修，包括大修和小修。小修是对锅炉进行局部的、预防性的检修，例如清灰除渣，清扫受热面，保温层和炉墙的局部修理，仪表的校验等，一般每3～6个月进行一次。大修是对锅炉进行全面的、恢复性的修理。

包括对受压元件的重大修理，拆修炉墙，全面维修燃烧设备、辅机、安全附件和管道阀门等等。

3.停炉保养

锅炉在停炉期间如不进行保养，极易遭受腐蚀损坏，因而必须做好停炉保养工作，以延长锅炉使用寿命，保障安全经济运行。

二、在用锅炉的定期检验

（一）外部检验

1.外部检验内容

（1）检查上次检验发现问题的整改情况。

（2）核查锅炉使用登记及其作业人员资格。

（3）抽查锅炉安全管理制度及其执行见证资料。

（4）抽查锅炉本体及附属设备运转情况。

（5）抽查锅安全附件及连锁与保护。

（6）抽查水（介质）处理情况。

（7）抽查锅炉操作空间安全状况。

（8）审查锅炉事故应急专项预案。

2.外部检验的重点

（1）锅炉房内各项制度是否齐全，司炉工人、水质化验人员是否持证上岗；

（2）锅炉周围的安全通道是否畅通，锅炉房内可见受压元件、管道、阀门有无变形、泄漏；

（3）安全附件是否灵敏、可靠、水位表、水表柱、安全阀、压力表等与锅炉连接通道有无堵塞；

（4）高低水位报警装置和低水位连锁保护装置运行是否灵敏、可靠；

（5）超压报警和超压连锁保护装置动作是否灵敏、可靠；

（6）点火程序和熄火保护装置是否灵敏、可靠；

（7）锅炉附属设备运转是否正常；

（8）锅炉水处理设备是否正常运转，水质化验指标是否符合标准要求。

（二）内部检验

1.检验前的准备工作

（1）检验前停炉的准备

①结合生产检修计划安排停炉日期。除了发生特殊损坏需要立即停炉检验外，一般每两年一次的定期内部检验要在锅炉下次检验日期前结合生产和维修计划安排进行，并提前1个月向当地的法定检验机构报检。

②检验前的停炉。一般检验前的停炉属于正常停炉，对于轮换使用的锅炉可以采取正常的停炉方法，让其缓慢自然冷却；但对于一些急需使用，不能长期停用的锅炉，或者须紧急停炉检验的锅炉，要采取正确的冷却方法，并应有足够的冷却时间以免锅炉部件因温度突然降低产生较大应力而损坏。冷却可采用注入冷水更换锅水以及炉膛内通风（打开引风机或炉门）等方法。当锅水温度降至70℃以下，方可放水。

③打开人孔、手孔、检查孔和灰门、炉门、烟道门各种门孔，一是可使空气对流，二是便于检验人员进行全面检查。进入炉内检验时，炉内温度应冷却至35℃以下。

④彻底清除受压元件的烟灰和水垢，露出金属表面，水垢样品留检验人员检查。

⑤拆除妨碍检查的汽水挡板，分离装置及给水排污装置等锅筒内件。

（2）锅炉有关技术资料的准备

为了便于检验人员了解锅炉使用情况和管理中的问题，应将锅炉出厂技术资料、安装、维修、改造资料、锅炉使用登记证、锅炉运行记录、水质化验记录、上年度锅炉检验报告单等准备好，供检验人员查阅。

（3）锅炉检验时的安全要求

检验人员需要进入锅炉内部检验时，应当具备以下检验条件。

①进入锅筒（锅壳）内部工作之前，必须用能指示隔断位置的强度足够的金属堵板(电站锅炉可用阀门)将连接其他运行锅炉的蒸汽、热水、给水、排污等管道可靠地隔开；用油或者气体作燃料的锅炉，必须可靠地隔断油、气的来源；

②进入锅筒（锅壳）内部工作之前，必须将锅筒（锅壳）上的人孔和集箱上的手孔打开，使空气对流一段时间，工作时锅炉外面是否有人监护；

③进入烟道及燃烧室工作前，必须进行通风，并且与总烟道或者其他运行锅炉的烟道可靠隔断；

④在锅筒（锅壳）和潮湿的炉膛、烟道内工作而使用电灯照明时，照明电压不超过24V；在比较干燥的烟道内，有妥善的安全措施，可以采用不高于36V的照明电压；禁止使用明火照明。

2. 内部检验内容

（1）审查上次检验发现问题的整改情况。

（2）抽查受压元件及其内部装置。

（3）抽查燃烧室、燃烧设备、吹灰器、烟道等附属设备。

（4）抽查主要承载、支吊、固定件。

（5）抽查膨胀情况。

（6）抽查密封、绝热情况。

3.内部检验的重点

（1）上次检验有缺陷的部位。

（2）锅炉受压元件的内、外表面，特别在开孔、焊缝、板边等处应检查有无裂纹、裂口和腐蚀。

（3）管壁有无磨损和腐蚀，特别是处于烟气流速较高及吹灰器吹扫区域的管壁。

（4）锅炉的拉撑以及与被拉元件的结合处有无裂纹、断裂和腐蚀。

（5）胀口是否严密，管端的受胀部分有无环形裂纹和苛性脆化。

（6）受压元件有无凹陷、弯曲、鼓包和过热。

（7）锅筒（锅壳）和砖衬接触处有无腐蚀。

（8）受压元件或锅炉构架有无因砖墙或隔火墙损坏而发生过热。

（9）受压元件水侧有无水垢、水渣。

（10）进水管和排污管与锅筒（锅壳）的接口处有无腐蚀、裂纹，排污阀和排污管道连接部分是否牢靠。

4.检验结论

（1）符合要求，未发现影响锅炉安全运行的问题或者对问题进行整改合格。

（2）基本符合要求，发现存在影响锅炉安全运行的问题，需要采取降低参数运行、缩短检验周期或者对主要问题加强监控等措施。

（3）不符合要求，发现存在影响锅炉安全运行的问题。

（三）水压试验

1.水压试验的目的

水压试验的目的，是鉴别锅炉受压元部件的严密性和耐压强度。

严密性：主要是检查锅炉受压元件的接缝、法兰接头及管子胀口等是否严密，有无渗漏。

耐压强度：检查锅炉受压元件会不会因强度不足，而在水压试验压力作用下发生残余变形。

水压试验一般是在对锅炉进行内部检验合格后进行的，必要时还应在对受压元部件进行强计算的基础上进行，而不是盲目地试验。有一些单位，由于对水压试验的目的不明确，用水压试验的方法来确定锅炉的工作压力，错误地认为只要锅炉进行了水压试验，就可以按试验压力打折扣来确定锅炉最高工作压力；有的按需要的工作压力加倍打水压，认为不漏水就安全，这都是十分错误的。另外，盲目地提高水压试验压力也是不允许的，这是因为压力过高，受压元件局部或整体的应力可能会超过材料的弹性极限而发生塑性变形，致使锅炉受压元件遭到损伤，或者扩大了内在缺隐，甚至造成破坏。

2.水压试验压力

水压试验时，薄膜应力不应当超过元件材料在试验温度下屈服点的90%。

当实际使用的最高压力低于锅炉额定工作压力时，可按照锅炉使用单位提供的最高工作压力确定试验压力；但是当锅炉使用单位需要提高锅炉使用压力（但不应当超过额定工作压力）时，应当按照提高后的工作压力重新确定试验压力进行水（耐）压试验。

3.水压试验前的准备工作

（1）水压试验是在对锅炉进行内部检装合格后进行，其准备工作及要求包括：①资料审查，包括锅炉出厂技术资料、安装、修理、改造资料，锅炉使用登记证，运行、维修记录，上年度定期检验报告；②核查水压试验实施单位编制的水压试验方案，方案一般应包括编制依据、水压试验目的、水压试验压力、水压试验范围、水压试验主要施工机械及工器具。

（2）新装、移装、改装的锅炉，必须在本体安装完毕；受压元件重大修理的锅炉必须在修理完毕，并在筑炉之前，方可进行水压试验。

（3）对在用锅炉应做好下述准备：

①清除受压部件表面的烟灰和污物，对于需要重点进行检查的部位还应拆除炉墙和保温层，以利于观察；②对不参加水压试验的连通部件（如锅炉范围以外的管路、安全阀等）应采取可靠的隔断措施；③锅炉应装两只在校验合格期内的压力表，其量程应为试验压力的1.5～3倍，精度应不低于1.6级；④水压试验时，周围的环境温度不应低于5℃，否则应采取有效的防冻措施；⑤水压试验的用水温度不低于大气的露点温度，一般选取20℃～70℃；对合金钢材的受压部件，水温应高于所用钢种的脆性转变温度或按照锅炉制造厂规定的数据控制；⑥水压试验场地应当有可靠的安全防护设施；⑦水压试验时，锅炉使用单位的管理人员应到场。

4.水压试验的程序

（1）首先应开启锅筒顶部的排空阀，给锅炉进满水并停顿一段时间，以便排出锅内空气。确认锅炉进满水后关闭排空阀，缓慢升压至"T"，做压力，升压速率应不超过每分钟 0.5MPa。

（2）升压至工作压力后应暂停升压，检查是否有泄漏或异常现象。

（3）继续升压至试验压力，升压速率应不超过每分钟 0.2Mpa，并注意防止超压。

（4）在试验压力下至少保持 20 分钟，保压期间降压应满足：

①对于不能进行内部检验的锅炉，在保压期间不允许有压力下降现象；

②对于其他锅炉，在保压期间的压力下降值 ΔP 一般应满足的要求，见表2-3。

表2-3锅炉整体水压试验时试验压力允许压降

锅炉类别	允许压降 ΔP
> 20 t/h（14MW）B 级锅炉	$\Delta P \leq 0.15MPa$
≤ 20 t/h（14MW）B 级锅炉	$\Delta P \leq 0.10MPa$
C、D 级锅炉	$\Delta P \leq 0.05MPa$

（5）缓慢降压至工作压力。

（6）在工作压力下，检查所有参加水压试验的承压部件表面、焊缝、胀口等处是否有渗漏、变形，以及管道、阀门、仪表等连接部位是否有渗漏。

（7）缓慢泄压。

（8）检查所有参加水压试验的承压部件是否有残余变形。

5.水压试验合格标准

锅炉进行水压试验，符合下列情况时为合格：

（1）在受压元件金属壁和焊缝上没有水珠和水雾。

（2）当降到工作压力后胀口处不滴水珠。

（3）铸铁锅炉锅片的密封处在降到额定出水压力后不滴水珠。

（4）水压试验后，没有发现残余变形。

三、锅炉的维修

（一）运行中的维修

1.安全附件和阀门的常见故障及排除方法

（1）压力表的常见故障及排除方法

压力表常见的故障有指针不动、指针不回零位、指针抖动、表面模糊或有水珠出现等几种。它们的产生原因和排除方法如表2-4 ~ 表2-7所示：

表2-4 指针不动产生的原因及排除方法

原因分析	排除方法
（1）旋塞忘开或位置不正确	（1）拧开旋塞或调至正确位置
（2）旋塞、压力表汽连管或存水弯管的通道堵塞	（2）清洗压力表，吹洗通道，必要时应更换旋塞或压力表
（3）指针与中心轴松动或指针卡住	（3）将指针紧固在中心轴上，或消除指针卡住现象
（4）弹簧弯管与表座的矩口渗漏	（4）补焊渗漏处
（5）扇形齿轮与小齿轮松动、脱开	（5）检修扇形齿轮和小齿轮，使其啮合

表2-5 指针回不到零位产生的原因及排除方法

原因分析	排除方法
（1）弹簧弯管产生永久变形失去弹性	（1）更换压力表
（2）中心轮上的游丝失去弹性或脱落	（2）更换游丝或重新安装
（3）旋塞、压力表汽连管或存水弯管的通道堵塞	（3）清洗压力表，吹洗通道，必要时应更换旋塞或压力表
（4）指针与中心轴松动，或指针卡住	（4）指针紧固在中心轴上，或消除指针卡住现象

表2-6 指针抖动产生的原因及排除方法

原因分析	排除方法
（1）游丝损坏	（1）检修游丝
（2）弹簧弯管自由端与连杆的结合螺栓，或连杆与扇形齿轮的结合螺栓活动受影响，与弯管扩展移动时，扇形齿轮抖动	（2）检修结合螺栓
（3）中心轴两端弯曲，转动时轴两端做不同心的转动	（3）更换压力表
（4）旋塞或存水弯管的通道被局部堵塞	（4）吹洗通道
（5）小齿轮、扇形齿轮或轴等传动机构中间有脏物或生锈	（5）清洗压力表
（6）受周围振动的影响	（6）消除振动因素

表2-7 玻璃内表面出现水珠产生的原因及排除方法

原因分析	排除方法
（1）玻璃表面与壳体结合处没有橡皮垫圈，或垫圈破损，使结合面密封不好	（1）加装或更换橡皮圈
（2）弹簧弯管与表座的焊口有渗漏	（2）补焊渗漏处
（3）弹簧弯管有裂纹	（3）更换压力表

（2）水位表的常见故障及排除方法

产生原因和排除方法如表2-8 ~ 2-11所示：

表2-8 旋塞泄漏产生的原因及排除方法

原因分析	排除方法
（1）旋塞材质或加工有缺陷	（1）更换旋塞
（2）塞芯与塞座接触面磨损或腐蚀	（2）研磨或更换旋塞
（3）填料不足或变质，充填压力不均匀	（3）增加或更换填料，拧紧填料压盖

表2-9 水位呆滞不动产生的原因及排除方法

原因分析	排除方法
（1）水连管或水旋塞被积水垢、填料等堵塞	（1）冲洗水连管与水旋塞，或用细铁丝疏通
（2）水旋塞被误关闭	（2）拧开水旋塞

表2-10 玻璃板（管）内水位高于实际水位产生的原因及排除方法

原因分析	排除方法
（1）汽旋塞被填料堵塞	（1）冲洗汽旋塞
（2）汽旋塞被误关闭	（2）拧开汽旋塞
（3）锅水因碱度偏高而起泡沫	（3）加强排污

表2-11 玻璃管炸裂不动产生的原因及排除方法

原因分析	排除方法
（1）玻璃质量不好，或在割管时造成管端裂纹	（1）更紧玻璃管
（2）水位表上下管座中心线偏斜	（2）对正上下管座中心线成一条直线
（3）更换新玻璃管后没有预热	（3）按规程操作
（4）受热玻璃管上突然溅了冷水，或管面被油污染	（4）防止玻璃管骤冷，清除油污
（5）安装时未给膨胀间隙或填料压得过紧	（5）预留膨胀间隙，适当压紧填料

（3）安全阀的常见故障及排除方法

安全阀的常见故障有长期漏汽、超过规定压力值还未开启或不到规定压力值就开启，以及排汽后阀瓣不回座等几种。具体见表2-12 ~ 表2-15。

2-12 漏汽产生的原因及排除方法

原因分析	排除方法
（1）阀芯与阀座密合面有水垢、砂粒或附着脏物	（1）吹洗安全阀。如吹洗效果不明显，应在停炉后拆开安全阀，取出附着物
（2）阀芯与阀座磨损	（2）更换阀芯与阀座，或在车床上车光后再研磨
（3）阀杆弯曲变形或阀芯与阀座支承面偏斜	（3）更换阀杆或重新调整水平
（4）弹簧式安全阀弹簧产生永久变形，失去原有弹性	（4）更换弹簧
（5）杠杆式安全阀杠杆与支点发生偏斜，使阀芯与阀座受力不均	（5）校正杠杆中心线，严格铅直

表2-13 到规定压力时不排汽产生的原因及排除方法

原因分析	排除方法
（1）吹洗安全阀。严重时应停炉后研磨阀芯与阀座	（1）吹洗安全阀。严重时应停炉后研磨阀芯与阀座
（2）适当加大阀杆与外壳的间隙	（2）适当加大阀杆与外壳的间隙
（3）重新调整安全阀	（3）重新调整安全阀
（4）除去障碍物	（4）除去障碍物

表2-14 不到规定压力时即排汽产生的原因及排除方法

原因分析	排除方法
（1）调整或维护不当，使弹簧式安全阀的弹簧压紧度不够；杠杆式安全阀重锤与支点间距离过短；静重式安全阀的生铁盘重量不够	（1）重新调整安全阀
（2）弹簧永久变形，弹力减弱	（2）更换弹簧

表2-15 排汽后阀芯不回座产生的原因及排除方法

原因分析	排除方法
（1）弹簧弯曲	（1）更换弹簧
（2）阀杆、阀芯安装位置不正或被卡住	（2）重新安装安全阀

（二）停炉保养

1.压力保养

压力保养一般适用于停炉期限不超过一周的锅炉。该方法利用锅炉的余压，保持在 0.05 ~ 0.1MPa，锅水温度稍高于 100℃以上，使锅水中不含氧气，又可阻止空气进入锅筒。为了保持锅水温度，可以定期在炉膛内生火，也可以定期用相邻锅炉的蒸汽加热锅水。

2. 湿法保养

湿法保养一般适用于停炉期限不超过一个月的锅炉。锅炉停炉后，将锅水放尽，清除水垢和烟灰，关闭所有的人孔、手孔、阀门等，与运行的锅炉完全隔绝，然后加入软化水至最低水位线，再用专用泵将配制好的碱性保护溶液注入锅炉。保护溶液的成分是：氢氧化钠（又称火碱）按 8 ~ 10kg/t 锅水，或碳酸钠（又称纯碱）按 20kg/t 锅水，或磷酸三钠按 20kg/t 锅水。当保护溶液全部注入后，开启给水阀，将软化水灌满锅炉（包括过热器和省煤器），直至水从空气阀冒出。然后关闭空气阀和给水阀，开启专用泵进行水循环，使溶液混合均匀。保护溶液的作用是使锅炉受热面表面逐渐产生一层碱性水膜，从而保护受热面不被氧化腐蚀。在整个保养期间，要定期生微火烘炉，以保持受热面外部干燥；要定期升泵进行水循环，使各处溶液浓度一致；还要定期取溶液化验，如果碱度降低，应予补加，冬季要采取防冻措施。

3. 干法保养

干法保养适用于停炉时间较长的锅炉，特别是夏季停用的采暖热水锅炉。锅炉停炉后，将锅水放尽，清除水垢和烟灰，关闭蒸汽管、热水锅炉的供热水管、给水管和排污管道上的阀门，或用隔板堵严，与其他运行中的锅炉完全隔绝，并打开人孔、手孔使锅筒自然干燥。如果锅炉房潮湿，最好用微火将锅炉本体、炉墙、烟道烘干，然后将干燥剂，例如块状氧化钙（又称生石灰）按 2 ~ 3kg/m³ 锅炉容积，或无水氯化钙按 2kg/m³ 锅炉容积，用敞口托盘放在后炉排上，以及用布袋吊装在锅筒内，以吸收潮气。最后关闭所有人孔、手孔，防止潮湿空气进入锅炉，腐蚀受热面。以后每隔半个月左右检查一次受热面有无腐蚀，并及时更换失效的干燥剂。

第三章 压力容器设备安全

第一节 压力容器的相关基础概念

一、概述

（一）压力容器范围的限定与定义

1.压力容器范围的限定

限定压力容器的范围，主要考虑压力容器发生事故的可能性与事故产生危害的大小两个方面。压力容器发生爆炸事故时，其危害性大小与容器内的工作介质、工作压力及容积等因素有关。

工作介质是指容器内所盛装的或在容器内参与反应的物质。容器爆炸时所释放的能量与工作介质的物性、状态有关。

液态（指常温下的液体）的工作介质，由于压缩性小，膨胀时的膨胀功也小，容器爆破时释放的能量就小，所带来的危害也小。气态的工作介质，由于压缩性大，容器爆破时泄压膨胀所释放的能量也很大，危害性就相对液体大很多。对温度高于标准沸点（标准大气压下的沸点）的饱和液体和液化气体（指标准沸点在室温下，加压液化了的气体），在容器内部时由于压力较高，呈液态或气、液共存；当容器破裂时，容器内压力降低，饱和液体立即蒸发汽化，体积急剧膨胀，发生"爆沸"，释放的能量很大，危害性也大。因此，从工作介质来限定范围，应包括气体、液化气体和工作温度高于其标准沸点的饱和液体。

对工作压力和容积这两个因素，一般工作压力越高，容积越大，容器爆破时所释放的能量就越大，事故的危害性也就越大。但工作压力与容积的限定不像工作介质那样有一个明确的界限，都是人为地规定一个比较合适的下限值。例如,对工作压力的下限值规定为1个大气压(0.098 MPa,表压);对容积,则以容器的工作压力与容积的乘积达到某一规定的数值作为下限。

我国《固定式压力容器安全技术监察规程》(TSG R0004—2009)对压力容器范围做了明确的限定,规定同时具备下列三个条件的容器为压力容器:

(1)最高工作压力大于或者等于0.1MPa(表压);

(2)最高工作压力与容积的乘积大于或者等于2.5 MPa·L;

(3)盛装的介质为气体、液化气体以及最高工作温度高于或者等于其标准沸点的液体。

2.压力容器的定义

我国《特种设备安全监察条例》对压力容器给出了限制性定义:

压力容器,是指盛装气体或者液体,承载一定压力的密闭设备,其范围规定为:最高工作压力大于或者等于0.1 MPa(表压),且压力与容积的乘积大于或者等于2.5 MPa·L的气体、液化气体和最高工作温度高于或者等于其标准沸点的液体的固定式容器和移动式容器;盛装公称工作压力大于或者等于0.2 MPa(表压),且压力与容积的乘积大于或等于1.0 MPa·L的气体、液化气体及液体,……介质标准沸点等于或者低于60℃的气瓶、氧舱等。

(二)压力容器分类

1.固定式压力容器

(1)按设计压力分类

根据我国《固定式压力容器安全技术监察规程》附件A的规定,压力容器按设计压力分为:

低压容器(代号为L):$0.1 \leq p < 1.6$ MPa;

中压容器(代号为M):$1.6 \leq p < 10.0$ MPa;

高压容器(代号为H):$10 \leq p < 100$ MPa;

超高压容器(代号为U):$p \geq 100$ MPa。

(2)按在生产工艺过程中的作用原理分类

压力容器按在生产工艺过程中的作用原理划分为反应压力容器、换热压力容器、分离压力容器和储存压力容器。

反应压力容器（代号 R）：主要是用于完成介质的物理、化学反应的压力容器，如各种反应器、反应釜、聚合釜、合成塔、变换炉、煤气发生炉等。

换热压力容器（代号 E）：主要是用于完成介质的热量交换的压力容器，如各种热交换器、冷却器、冷凝器、加热器、蒸发器等。

分离压力容器（代号 S）：主要是用于完成介质的流体压力平衡缓冲和气体净化分离的压力容器，如各种分离器、过滤器、集油器、洗涤器、吸收塔、铜洗塔、干燥塔、汽提塔、分汽缸、除氧器等。

储存压力容器（代号 C，其中球罐代号 B）：主要是用于盛装气体、液体、液化气体等介质的压力容器，如各种形式的储罐、缓冲罐、消毒锅、印染机、烘缸、蒸锅等。

在一种压力容器中，如同时具备两个以上的工艺作用原理时，应当按工艺过程中的主要作用来划分品种。

（3）按安全综合管理角度分类

为了在压力容器设计、制造、检验、使用中对安全要求不同的压力容器有区别地进行安全技术管理和监督检查，《固定式压力容器安全技术监察规程》将压力容器分为三类。其分类方法是：首先根据介质特性，确定介质组别，选择类别划分图；再根据设计压力和容积值在不同介质分组图上标出坐标点，确定压力容器类别（Ⅰ类、Ⅱ类、Ⅲ类）。

《固定式压力容器安全技术监察规程》将压力容器的工作介质分为两组，包括气体、液化气体或者最高工作温度高于或等于标准沸点的液体。第一组介质，即毒性程度为极度、高度危害的化学介质，易爆介质和液化气体；第二组介质，即除第一组介质以外的介质。

介质危害性是指压力容器在生产过程中因事故致使介质与人体大量接触，发生爆炸，或者因经常泄漏引起职业性慢性危害的严重程度，用介质毒性程度和爆炸危害程度表示。

2.移动式压力容器

（1）气瓶

气瓶的容积较小，一般都在 200L 以下，常用的为 40L 左右。气瓶按外形不同分为两种：一种两端不对称，分头部和底部两部分，头部缩颈收口并装阀，整体形状如瓶；另一种为筒状，两端有封头，一般相互对称，容积稍大，为 200 ~ 1000L。

按盛装气体的特性、用途和结构形式不同，气瓶分为永久气体气瓶、液化气体气瓶、溶解气体气瓶和其他气瓶等。我国《气瓶安全监察规定》规定气瓶的适用条件为：正常环境温度（-40℃ ~ 60℃）下使用，公称工作压力大于或等于 0.2 MPa（表压），压力与容积的乘积大于或等于 1.0 MPa·L，盛装气体、液化气体和标准沸点等于或低于 60℃ 的液体的气瓶（不含仅在灭火时承受压力、储存时不承受压力的灭火用气瓶）。

永久气体气瓶：过去称作压缩气体气瓶，一般以较高的压力充装气体，目的是增加气瓶的单位容积盛装量，以提高气瓶的利用率和运输效率。常用的充装压力有 15 MPa 和 12.5 MPa，也有充装 20 MPa 和 30 MPa 的。所装的永久气体有氧气、氢气、氮气、空气、一氧化碳、甲烷、一氧化氮及氢、氖、氯等惰性气体。

液化气体气瓶（临界温度 ≥ -10℃ 的气体用气瓶）：液化气体充装时都是以低温液态罐装。分高压液化气体气瓶和低压液化气体气瓶。高压液化气瓶充装的气体有二氧化碳、乙烷、乙烯等；低压液化气瓶充装的气体有氨、氢、丙烷、液化石油气等。

溶解气体气瓶：指专供盛装乙炔的气瓶。由于乙炔极不稳定，必须溶解在溶剂中（常见的是丙酮）。这种气瓶的内部装满了多孔性物质，用以吸收溶剂。一般情况下，溶解气体气瓶的最高工作压力 P < 3.0 MPa。

（2）槽（罐）车

槽（罐）车指固定安装在流动车架上的一种卧式储罐，有火车槽车和汽车槽车两种。容积较大，是专门用于运输液化气体用的。由于直径较大，一般不宜承受高压，因此只限于用以盛装低压液化气体。常用的是液化石油气槽车、液氨槽车和液氯槽车。

（三）保证压力容器安全的重要性

1. 压力容器是工业生产中的常用设备

压力容器早期主要用于化学工业，压力多在 10 MPa 以下。合成氨和高压聚乙烯等高压生产工艺出现后，要求压力容器的压力达 100 MPa 以上。随着化工和石油化工等工业的发展，压力容器的工作温度范围越来越宽，容量不断增大，耐介质腐蚀的要求也越来越高。20 世纪 60 年代开始，核电站的发展对反应堆压力容器提出了更高的安全和技术要求，从而促进了压力容器的进一步发展。

目前，压力容器广泛应用于化工、石油、机械、动力、冶金、核能、航空、航天、海洋、食品等部门。如化工、石油工业中的反应装置、换热装置、分离装置的外壳、气液储罐，航空航天工业中的飞机、火箭、宇宙飞船壳体，动力工业中的核动力反应堆压力壳、电厂锅炉汽包，机械工业中的水压机、液压缸、储能器，食品工业中的杀菌锅、发酵罐等都是压力容器。压力容器已成为生产中必不可少的核心设备，是一个国家装备制造水平的重要标志。

2.压力容器是容易发生破坏事故的特殊设备

（1）技术方面的原因

①工作条件恶劣

压力容器一般在较高的压力下工作，有时还处于高温或低温下工作，有的压力容器还盛装有毒、易燃、易爆或腐蚀性介质，工况环境比较恶劣。

②局部应力复杂

压力容器的结构虽然简单，但受力情况复杂，特别是在容器开孔附近及其他结构不连续处，常会因过高的局部应力和反复的加载、卸载而造成疲劳破裂。

③容易造成超压

压力容器在运行中容易产生超压。自身不产生压力的压力容器，当输入气量大于输出气量、输送管道被异物堵塞、阀门操作失误时会造成超压；自身产生压力的容器，常因装料过量、反应器中产物发生异常化学反应、操作失误时会造成超压。

④容器本身常隐藏有严重缺陷

焊接或锻制的容器，常会在制造时留下微小裂纹等严重缺陷，这些缺陷若在运行中不断扩大，或在适当的条件（如使用温度、工作介质性质等）下都会使容器突然破裂。

（2）管理方面的原因

①压力容器管理、操作不符合要求

企业不配备或缺乏懂得压力容器专业知识和了解国家对压力容器的有关法规、标准的技术管理人员。压力容器操作人员未经必要的专业培训和考核，无证上岗，极易造成操作事故。

②压力容器管理处于"四无状态"

即，一无安全操作规程，二无压力容器技术档案，三无压力容器持证上岗人员和相关管理人员，四无定期检验管理，使压力容器和安全附件处于盲目使用、盲目管理的失控状态。

③擅自改变使用条件，擅自修理改造

经营者无视压力容器安全，为了适应某种工艺需要而随意改变压力容器的用途和使用条件，甚至带"病"操作，违规超负荷生产等造成严重后果。

④地方政府的安全监察管理部门和相关行政执法部门管理不到位

安全监察管理部门和相关行政执法部门的工作未能适应经济的发展，特别是规模小、分布广的民营和私营企业的急增，使压力容器的安全监察管理存在盲区和管理不到位的现象，助长了压力容器的违规使用和违规管理。

3.压力容器爆炸可能造成严重破坏

（1）爆炸冲击波破坏建筑物、设备或直接伤人。

（2）爆炸碎片伤人或击穿设备。

（3）压力容器内介质若为有毒物质，爆炸后介质外溢，会造成大面积的毒害区，也会破坏生态环境，造成环境污染；当容器内盛装的介质为可燃液化气体时，在容器破裂爆炸现场形成大量可燃蒸汽，并迅速与空气混合形成可爆性混合气体，在扩散中遇明火即发生火灾，发生二次爆炸。

由此可见，加强压力容器的安全管理工作，保证压力容器安全运行具有重要的意义。

二、力容器的基本结构

（一）压力容器基本结构

1.壳体

（1）圆筒形壳体

圆筒形壳体形状是一圆柱形圆筒，应力分布比较均匀，承载能力较强，且易于制造，便于在内部安装工艺附件，并有利于相互作用的工作介质的相对流动，因而被广泛用作反应容器、换热容器和分离容器。

圆筒形容器筒体直径较小时（一般 < 500 mm），可用无缝钢管制作；直径较大时，可用钢板在卷板机上先卷成圆筒，然后焊接而成。随着容器直

径的增大，钢板需要拼接，因而钢板的纵焊缝条数增多。当壳体较长时，因受钢板尺寸的限制，需将两个或两个以上的筒体（此时每个筒体称为筒节）组焊成所需长度的筒体。

为了便于成批生产，筒体直径的大小已经标准化，其圆筒直径（公称直径）表示分两个系列：对由钢板卷制的筒体和成形的封头来说，公称直径是指其内径；当筒体的直径较小，直接采取无缝钢管制作时，容器的公称直径是指其外径。

圆筒体的长度与直径之比，一般是根据容器的工艺用途和制造方法来确定。

长度与直径之比越大，容器用材料越省，但有些容器不适宜，如需要限制介质在筒体内的流速时。特别是小而长的薄壁容器，长度与直径比大，制造困难，安装和使用都不方便。

（2）球形壳体

球形壳体的形状特点是中心对称，其优点是受力均匀，当压力、直径相同时，球壳的壁厚仅为圆筒形容器的一半，所以用球壳做容器，节省材料。缺点是制造困难，用于反应、传质或传热容器时，既不便于在内部安装工艺内件，也不便于内部相互作用的介质的流动。因此，球形壳体一般只用于中、低压的储存容器，又称球罐，如液化石油气储罐、液氨储罐等。此外，有些用蒸汽直接加热的容器，为了减少热损失，有时也采用球形壳体，如造纸工艺中用于蒸煮纸浆的"蒸球"等。

球形容器直径一般比较大，难以整体或半球体压制成形，大多数是由许多块板材按一定尺寸预先压制成球面板后再经组焊而成。

2.封头

（1）半球形封头

半球形封头是半个球壳，其优点是同样容积下其表面积最小；在相同承压条件下，它所需要的壁厚最薄。因而从节省材料和满足强度的观点来看，采用半球形封头是最合理的。但从制造工艺来看，半球形封头深度大，用整体冲压方法制造较困难，尤其是当直径较小时加工非常困难。因而半球形封头除了用作压力较高、直径较大的储罐外，一般中低压容器很少采用。

（2）碟形封头

碟形封头由半径为 R 的部分球面、曲率半径为 r 的过渡段及高度为 h 的圆柱直边段三段组成。碟形封头成型加工方便，但在三部分连接处，由于经线曲率发生突变，受力状况不佳，故应力分布不像椭圆形封头均匀，因而在工程上应用并不理想。但当椭圆形封头的模具加工困难时，一般以碟形封头代替。碟形封头直边部分高度一般为 20mm ~ 25 mm，其目的是为了使边缘应力不作用在封头与筒体的连接焊缝上。

（3）椭圆形封头

椭圆形封头是由半个椭球壳和一段高度为人身高的直边段部分组成的，由于椭圆部分经线曲率平滑连续，故封头中的应力分布比较均匀。目前国内外使用的中、低压容器，大部分都是椭圆形封头。其中，长短轴之比为 2 的椭圆形封头称为标准椭圆形封头。

（4）球冠形封头

球冠形封头是一块深度很小的球面体，又称无折边球形封头，球冠形封头结构简单、深度浅、制造容易，但在球面与圆筒连接处存在相当大的不连续应力，故受力状况不良。因此，其只能用于直径较小、压力较低且不承受反复载荷的压力容器。

（5）锥形封头

锥形封头主要用于压力较低的容器上。当介质含固体颗粒或介质黏度很大时，为了便于出料，常采用锥形封头。

锥形封头有两种形式，一种是无折边锥形封头，适用于半顶角 $\alpha <$ 30°，且内压不大的情况；另一种是有折边锥形封头，它与筒体连接处有一过渡圆弧与高度为 h 的圆筒形部分，一般 h=25mm ~ 40 mm，其目的是降低局部连接应力，它用于半顶角 $\alpha > 30°$ 的场合。当 $45° < \alpha \leq 60°$ 时，封头大小端均需折边。

（6）平板封头

平板封头与其他封头相比较，平板封头结构最简单，制造方便，但受力状况最差。相同压力下，平板封头中产生的应力最大，在相同的受压条件下，平板封头比其他封头厚得多，所以它一般用于直径较小和压力较低的情况。平板封头在过去制造的高压容器上有所采用。但随着高压容器的大型化，用大型锻件加工成的平板封头就显得特别笨重，因此近年来制造的高压容器，特别是大直径的高压容器很少采用平板封头了。

3. 法兰连接结构

（1）法兰类型

法兰分容器法兰和管法兰。压力容器法兰根据使用压力、使用温度和壳体公称直径的不同，分为甲型平焊法兰、乙型平焊法兰和长颈对焊法兰三种。乙型平焊法兰带有一个圆筒短节，长颈对焊法兰是用厚度较大的长颈代替圆筒短节。压力容器法兰的尺寸分别见标准 NB/T 47021-2012、NB/T 47022-2012、NB/T 47023-2012。

（2）法兰密封面形式

在中低压容器中，容器法兰密封面的形式有三种：平面型、凹凸型和样槽型。

平面型密封面结构简单，加工方便，但垫片没有定位，上紧螺栓时容易往两侧伸展，不易压紧，因此只用于温度较低、无毒介质的低压容器。为了增加密封性，平面型密封在突出的密封面上往往加工出几道环槽浅沟。

凹凸型密封面由一个凹面和一个凸面组成，在凹面上放置垫片，上紧螺栓时不会被挤往外侧，密封性能较平面型有所改进，但加工较困难，常用于中压容器。桦槽型密封面由一个桦和一个槽组成，垫片放置于凹槽内，密封效果较好。但结构复杂，加工更困难，更换垫片费时，主要用于易燃或有毒介质或工作压力较高的中压容器。由于其在氨生产设备中应用最为普遍，故又称为氨气密封。

管法兰密封面形式有全平面、突面、凹面/凸面、榛面/槽面和环连接面五种形式。前四种为常见结构，全平面与突面的垫圈没有定位，密封效果差；凹面/凸面、榛面/槽面的垫圈放在凹面或槽内，垫圈不易被挤出，密封效果好。

（3）垫片材料

法兰连接所用的垫片材料一般有以下三种。

①非金属垫片：用石棉、橡胶、合成树脂、聚四氟乙烯等非金属制成的垫片，非金属包覆垫片是外包一层合成树脂等的非金属垫片；

②半金属垫片：用金属和非金属材料制成的垫片，如缠绕式垫片、金

属包覆垫片；

③金属垫片：用钢、铝、铜、镍或蒙乃尔合金等金属制成的垫片。

缠绕垫片是指用金属带（一般是 V 形钢带）与非金属带缠绕成环形的垫片，金属带与非金属带交替缠绕，由于其具有较好的弹性，广泛用于石化、化工、电力等行业的法兰密封结构中。根据具体部位，可在垫片的内层或外层加上钢环来定位或加强。

通常根据容器的工作压力、温度、介质特性、制造、更换及成本来选择垫片材料。

4. 开孔与接管

（1）开孔

为了便于检查、清理容器的内部，装卸、修理工艺内件及满足工艺的需要，一般压力容器上都开设有人孔、手孔或检查孔。

人孔—容器公称直径大于或等于 1 000mm 时，宜设置人孔，以便于人员进入容器内部进行检验和修理。人孔的规格有 DN400 mm，DN450 mm，DN500 mm，DN600 mm 四种。选择人孔的大小，应以人能够钻入为基准。人孔按照压力分为常压人孔和带压人孔；按照开启方式及开启后人孔盖的位置分为回转盖快开人孔、垂直吊盖人孔、水平吊盖人孔。

手孔—容器公称直径小于 1 000mm 时，宜设置手孔或检查孔，以对内壁进行观察与检查。手孔与人孔的结构有许多相似之处，只是直径小一些而已。标准手孔的公称直径有 DN150 mm 和 DN250 mm 两种。与人孔一样，按照承压方式分，有常压手孔和带压手孔；按照开启方式分，有回转盖手孔、常压快开手孔和回转盖快开手孔。

（2）接管

接管是压力容器与介质输送管道、仪表、安全附件管道等进行连接的附件。常用的接管有三种形式，即螺纹短管式、法兰短管式和平法兰式。

螺纹短管式接管是一段带有内螺纹或外螺纹的短管。短管插入并焊接在容器的器壁上。短管螺纹用来与外部管件连接。这种形式的接管一般用于连接直径较小的管道，如接管测量仪表等。

法兰短管式接管一端焊有一个管法兰，一端插入并焊接在容器的器壁上。短管的长度一般不小于 100 mm。当容器外面有保温层时，或接管靠近容器本体法兰安装时，短管的长度要求更长一些。法兰短管式多用于直径稍大的接管。

平法兰式接管是去掉了短管的法兰短管式的一种特殊形式。它实际上就是直接焊在容器开孔上的一个管法兰。不过它的螺孔与一般管法兰的孔不同，是一种带有内螺纹的不穿透孔。平法兰式接管的优点是：它既器开孔不需要另外再补强；缺点是装在法兰螺孔内的螺栓容易被碰撞而折断，而且一旦折断后要取出来相当困难。

（3）开孔补强结构

压力容器开孔后，不仅容器壳体的连续性受到破坏，而且造成应力集中，同时开孔部分的应力集中将引起壳体局部的强度削弱。若开孔很小并有接管，且接管又能使强度的削弱得以补偿，则不需另行补强。若开孔较大，就要采取适当的补强措施，以改善开孔边缘的受力情况，减轻其应力集中，保证有足够的强度。目前常用的补强方法有整体补强和局部补强两种。整体补强即是增加容器的整体壁厚，这种方法主要适用于容器上开孔较多而且分布比较集中的场合。局部补强是在开孔边缘的局部区域增加筒体厚度的一种补强方法。显然，局部补强方法是合理而经济的方法，因此广泛应用于容器开孔补强中。

局部补强的结构形式有三种：补强圈补强、接管补强和整锻件补强。

补强圈补强：补强圈补强是在开孔周围焊上一块圆环状金属板来增强开孔边缘处容器壳体强度的方法，也称贴板补强，所焊的圆环状金属板称为补强圈。补强圈可焊在容器内壁、外壁或者同时在内外壁上设置。但是考虑到施焊的方便，一般设置在容器外壁上。补强圈的材料一般与容器壁的材料相同。补强圈补强是中低压容器使用最多的补强结构。其优点是结构简单，制造方便，使用经验丰富。缺点是补强区域分散，且因采用与壳体搭焊连接，所以抗疲劳性能差。又因不能与壳体表面十分贴合，在中温以上使用时壳壁局部热应力较大，因此使用条件一般为：静载、常温、中低压、材料的屈服强度小于等于 540 MPa、补强圈厚度小于等于 $1.5\delta n$（壳体开孔处的名义厚度）、壳体名义壁厚 δn 不大于 38 mm 的场合。

接管补强：接管补强是在开孔处焊上一个特意加厚的短管，利用多余的壁厚作为补强金属，也称补强管补强。接管补强的补强区集中于开孔应力最大的地方，比补强圈更能有效地降低应力集中系数，而且结构简单，只需一段厚壁管即可，制造与检验都方便；缺点是必须保证全焊透。常应用于低合金钢容器或某些高压容器。

整锻件补强：整锻件补强是在开孔处焊上一个特制的锻件，它相当于把补强圈金属与开孔周围的壳体金属熔合在一起，且壁厚变化缓和，有圆弧过渡，全部焊缝都是对接焊缝并远离最大应力作用处，因而补强效果最好。缺点是锻件供应困难，制造过程烦琐，成本较高。因此，只用于重要的设备，如高压容器，核容器及材料屈服强度在 500 MPa 以上的容器等。

5. 容器支座

（1）立式容器支座

① 耳式支座

又称悬挂式支座，由底板和筋板组成，广泛用于反应釜和立式换热器等直立设备上。其优点是结构简单、轻便。但由于支座反力作用在容器被支承的部位，容器便承受了局部载荷，将产生局部应力。因此，对于较小、较轻的容器，如果容器本身已有足够的厚度，可不加垫板。如果设备很重或器壁较薄，则应在支座与容器之间焊上垫板，以减小壳体中的局部应力。耳式支座推荐标准为 JB/T 4712.3（耳式支座）。

② 支承式支座

支承式支座主要用于圆筒长度小于 10 m，高度与直径之比小于 5，安装位置距基础较近且具有凸形封头的小型直立设备上。支承式支座可以用钢管制作，也可以用两块筋板和一块底板焊接而成，直接被焊在容器的封头下侧，分有垫板和无垫板两种。

③ 腿式支座

亦称支腿，多用于公称直径 400mm～1600 mm，容器切线长度与公称直径之比不大于 5，总高小于 8 m 的小型直立设备，且不得与具有脉动载荷的管线和机器设备刚性连接。腿式支座是将角钢、钢管或"H"形钢直接焊在容器筒体的外圆柱面上，在筒体和支腿之间可以加垫板，也可以不加垫板。

（2）卧式容器支座

① 鞍式支座

鞍式支座是卧式容器使用最多的一种支座形式，一般有底板、腹板、筋板和垫板组成。根据承受载荷的大小，鞍式支座分为轻型（代号 A）和重型（代号 E）两种，每种类型又分为固定式（代号 F）和滑动式（代号 S）两种安装形式。鞍座与容器的包角有 120°和 150°两种。当容器采用两个以上的鞍座时，支承面水平高度不等、壳体不直和不圆等微小差异，以及容器不同部位在受力挠曲的相对变形不同，使支座反力难以为各支点平均分摊，导致壳体应力趋大，因此一般情况采用双鞍座。双鞍座中一个鞍座为固定支座，另一个鞍座应为滑动支座。鞍式支座推荐标准为 JB/T 4712.1（鞍式支座）。

②圈式支座

其结构比较简单，对于大型薄壁容器，在真空下操作的容器，为了增加筒体支座处的局部刚度常采用圈式支座。压力容器采用圈式支座做支座时，除常温状态下操作的容器外，亦应考虑容器的膨胀问题。

③支腿式支座

其结构也较简单，因支腿式支座与容器壳体连接处会造成较大的局部应力，因此只适用于较轻的小型卧式容器。

（3）球形容器支座

球形容器支座，常用的有两大类，即裙式支座和柱式支座。

裙式支座与立式容器相似，由圆筒形的裙座圈和基础环等组成，只是裙座圈的直径比球壳直径小很多，优点是高度低，材料用量少，比较稳定。缺点是支座较低，底部接管较困难，操作维修不便，适用于小型球形容器。

（二）压力容器主要技术参数

1.设计压力

（1）容器装有安全阀时，首先根据容器的工作压力 pw，确定安全阀的整定压 pz，取设计压力 p 等于或稍大于整定压力 pz，即 $p \geq pz$。

（2）容器装有爆破片时，首先确定爆破片的最低标定爆破压力 ps-min，选定爆破片的制作范围，计算爆破片的设计爆破压力 pb，取设计压力 p 不小于 pb，并加上所选爆破片制造范围的上限。

（3）常温储存液化气体的压力容器，设计压力应当以规定温度下的工作压力为基础确定。

2.设计温度

设计温度是指容器在正常工作情况下，设定的元件金属温度（取元件金属截面的温度平均值）。设计温度与设计压力一起作为设计载荷条件。

确定设计温度时，注意：

（1）常温或高温操作的容器，设计温度不得低于元件金属可能达到的最高金属温度。

（2）对 0℃以下操作的容器，其设计温度不得高于元件金属可能达到的最低金属温度。

（3）容器各部分在工作状态下的金属温度不同时，可分别设定每部分的设计温度。

（4）在确定最低设计温度时，应当充分考虑在运行过程中，大气环境低温条件对容器壳体金属温度的影响。大气环境低温条件系指历年来月平均最低气温（指当月各天的最低气温值之和除以当月天数）的最低值。

3. 公称直径

为了便于设计和成批生产，提高压力容器的制造质量，增强零部件的互换性，降低生产成本，国家相关部门对压力容器及其零部件制定了系列标准。公称直径是指容器标准化系列中选定的壳体直径，以符号 DN 及数字表示，单位为 mm。

对焊制的圆筒形容器，公称直径是指其内径。对用无缝钢管制作的圆筒形容器，公称直径是指其外径。

第二节 压力容器安全使用

一、压力容器的使用管理

（一）压力容器使用登记

压力容器的使用单位，在压力容器投入使用前或者投入使用后 30 日内，应当按照要求到所在地特种设备安全监察机构或授权的部门逐台办理使用登记手续。登记标志放置位置应当符合有关规定。

（二）使用单位的责任

（1）贯彻执行《固定式压力容器安全技术监察规程》和压力容器有关的法律、法规、安全技术规范；

（2）建立健全压力容器安全管理制度，制定压力容器安全操作规程；

（3）办理压力容器使用登记，建立压力容器技术档案；

（4）负责压力容器的设计、采购、安装、使用、改造、维修、报废等全过程管理；

（5）组织开展压力容器安全检查，至少每月进行一次自行检查，并且做好记录；

（6）实施年度检查并且出具检查报告；

（7）编制压力容器的年度定期检验计划，督促安排落实特种设备定期检验和事故隐患的整治；

（8）向主管部门和当地安全监察机构报送当年压力容器数量和变更情况的统计报表、压力容器定期检验计划的实施情况、存在的主要问题及处理情况等；

（9）按照规定报告压力容器事故，组织、参加压力容器事故的救援，协助调查和善后处理；

（10）组织开展压力容器作业人员的教育培训；

（11）制订事故救援预案并且组织演练。

（三）压力容器技术档案

（1）特种设备使用登记证；

（2）压力容器登记卡；

（3）规定的压力容器设计制造技术文件和资料；

（4）压力容器年度检查、定期检验报告，以及有关检验的技术文件和资料；

（5）压力容器维修和技术改造的方案、图样、材料质量证明书、施工质量证明文件等技术资料；

（6）安全附件校验、修理和更换记录；

（7）有关事故的记录资料和处理报告。

（四）压力容器安全管理制度

（1）压力容器定期检验制度，包括检验周期、检验内容和程序、检验依据等；

（2）压力容器维护检修规程和容器改造、修理、检验、报废等的技术审查和报批制度；

（3）压力容器安装、改装、移装的竣工验收制度和停用保养制度；

（4）安全装置和仪表的校验、管理制度；

（5）压力容器安全检查制度；

（6）压力容器维护保养制度；

（7）压力容器的操作、检验、焊接及管理人员的技术培训和考核制度；

（8）压力容器事故报告与处理制度；

（9）压力容器的统计上报、技术档案的管理制度。

（五）压力容器操作规程

（1）操作工艺参数（含工作压力、最高或者最低工作温度）；

（2）岗位操作方法（含开、停车的操作程序和注意事项）；

（3）运行中重点检查的项目和部位，运行中可能出现的异常现象和防止措施，以及紧急情况的处置和报告程序。

（六）作业人员

压力容器的安全管理人员和操作人员应当持有相应的特种设备作业人员证。压力容器使用单位应当对压力容器作业人员定期进行安全教育与专业培训，并且做好记录，保证作业人员具备必要的压力容器安全作业知识、作业技能，及时进行知识更新，确保作业人员掌握操作规程及事故应急措施，按章作业。

（七）日常维护保养

压力容器使用单位应当对压力容器及其安全附件、安全保护装置、测量调控装置、附属仪器仪表进行日常维护保养，对发现的异常情况，应当及时处理并且记录。

（八）年度检查

压力容器使用单位应当实施压力容器的年度检查，年度检查至少包括压力容器安全管理情况检查、压力容器本体及运行状况检查和压力容器安全附件检查等。对年度检查中发现的压力容器安全隐患要及时消除。年度检查工作可以由压力容器使用单位的专业人员进行，也可以委托有资质的特种设备检验机构进行。

（九）异常情况处理

（1）工作压力、介质温度或者壁温超过规定值，采取措施仍不能得到有效控制；

（2）主要受压元件发生裂缝、鼓包、变形、泄漏、衬里层失效等危及安全的现象；

（3）安全附件失灵、损坏等不能起到安全保护的情况；

（4）接管、紧固件损坏，难以保证安全运行；

（5）发生火灾等直接威胁到压力容器安全运行；

（6）过量充装；

（7）液位异常，采取措施仍不能得到有效控制；

（8）压力容器与管道发生严重振动，危及安全运行；

（9）真空绝热压力容器外壁局部存在严重结冰、介质压力和温度明显上升；

（10）其他异常情况。

压力容器使用单位应当对出现故障或者发生异常情况的压力容器及时进行全面检查，消除事故隐患；对存在严重事故隐患，无改造、维修价值的压力容器，应当及时予以报废，并且办理注销手续。

二、压力容器的安全运行

（一）压力容器的安全操作

1.压力容器安全操作的一般要求

（1）压力容器操作人员必须取得当地安全监察部门颁布的《压力容器操作人员合格证》后，方可独立承担压力容器的操作。

（2）压力容器操作人员要熟悉本岗位的工艺流程，有关容器的结构、类别、主要技术参数和技术性能，严格按操作规程操作。掌握处理一般事故的方法，认真填写有关记录。

（3）压力容器要求平稳操作。压力容器开始加压时，速度不宜过快，要防止压力的突然上升。特别是承受压力较高的容器，加压时需分阶段进行，并在各个阶段保持一定时间后再继续增加压力，直至规定压力。高温容器或工作温度低于0℃的容器，加热或冷却都应缓慢进行，以减少容器壳体的温差应力。

（4）压力容器严禁超温、超压运行。实行压力容器安全操作挂牌制度或装设联锁装置防止误操作。应密切注意减压装置的工作情况。装料时避免过急过量，液化气体严禁超量装载，并防止意外受热。随时检查安全附件的运行情况，保证其灵敏可靠。

（5）严禁带压拆卸、压紧螺栓。

（6）坚持容器运行期间的巡回检查。容器运行期间，除了严格控制工艺指标外，还必须坚持执行压力容器运行期间的现场巡回检查制度，特别是操作控制高度集中（设立总控制室）的压力容器生产系统。只有通过现场巡检，才能及时发现操作中或设备上出现的跑、冒、滴、漏、超温、超压、壳体变形等不正常状态，才能及时采取相应的措施以消除、调整甚至停车处理。检查内容包括工艺条件、设备状况及安全装置等方面。

（7）实行应急处理的预案制度。对压力容器实行应急处理预案制度并进行演练，将压力容器运行过程中可能出现的故障、异常情况等做出预测，并制定出相应的防范和应急处理措施，以防止事故的发生或事态的扩大。

2.压力容器的运行操作

（1）压力容器的投用

①做好容器投用前的准备工作

这对容器顺利投入运行，保证整个生产过程安全有重要意义。压力容器投用前要做好如下准备工作：对容器及装置进行全面检查验收，检查容器及装置的设计、制造、安装、检修等质量是否符合国家技术有关法规和标准要求，检查容器技术改造后的运行是否能保证预定的工艺要求，检查安全装置是否齐全、灵敏、可靠以及操作环境是否符合安全运行的要求；编制压力容器的开工方案，呈请有关部门批准；操作人员了解设备，熟悉工艺流程和工艺条件，认真检查本岗位压力容器及安全附件的完善情况，在确认压力容器能投入正常运行后，才能开工。

②压力容器的开工和试运行

开工过程中，要严格按工艺卡片的要求和操作规程操作。在吹扫贯通试运行时，操作人员应与检修人员密切配合，检查整个系统畅通情况和严密性，检查压力容器、机泵、阀门及安全附件是否处于良好状态；当升温到规定温度时，应对容器及管道、阀门、附件等进行恒温热紧。

③压力容器进料

压力容器及其装置在进料前要关闭所有的放空阀门。在进料过程中，操作人员要沿工艺流程线路跟随物料进程进行检查，防止物料泄或走错流向。在调整工况阶段，应注意检查阀门的开启程度是否合适，并密切注意运行的细微变化。

（2）压力容器运行中工艺参数的控制

①压力和温度的控制

压力和温度是压力容器使用过程中两个主要的工艺参数。压力控制的要点主要是控制容器的操作压力不超过最高工作压力；对经检验认定不能按原最高工作压力运行的容器，应在所限定的工作压力范围内运行。温度控制是主要控制其极端的工作温度，高温下使用的压力容器，应控制其最高工作温度；低温下使用的压力容器，主要控制其最低工作温度。此外，还应考虑温度、压力上升的惯性及温度、压力显示的滞后性。特别是内部有催化剂、填料或有衬里、隔热等内件的容器，不宜以设计压力和设计温度等作为操作的控制指标，应根据介质的特性及物理、化学反应所引起的增压升温速度，设定与设计值有一定缓冲（升、降）空间的压力、温度极限控制值。

容器运行中，操作人员要严格按照操作规程进行操作，严禁盲目提高工作压力。可通过联锁装置、实行挂牌制度等防止操作失误。反应容器必须按照规定的工艺要求进行投料、升温、升压和控制反应速度，注意投料顺序，并按照规定的顺序进行降温、卸压和出料。盛装液化气体的容器，应按规定的充装量进行充装，以保证在设计温度下容器内部存在气相空间；充装所用的全部仪表量具如压力表、磅秤等都应按规定的量程和精度选用；容器还应防止意外受热。储存易于发生聚合反应的碳氢化合物的容器，为防止物料发生聚合反应而使容器内气体急剧升温而压力升高，应在物料中加入相应的阻聚剂，同时限制这类物料的储存时间。

②流量和介质配比

对一些连续生产的压力容器，必须控制介质的流量、流速等，以防止其对容器造成严重的冲刷、冲击和振动；对反应容器还应严格控制各种反应介质的流量、配比，以防反应失控。因此，操作人员除密切注意温度、压力的变化外，还应留意进口的各种介质的流量、配比和出口介质的流量，有条件的反应容器可在出口端加装反应产物自动分析仪。

③液位

液位控制主要是针对盛装液化气体的容器和部分反应容器而言。盛装液化气体的容器，应严格按照规定的充装系数充装，以保证在设计温度下容器内部有足够的气相空间；反应容器则通过控制液位来控制反应速度和防止某些不正常反应的发生。

④介质腐蚀性的控制

要防止介质对容器的腐蚀，首先应在设计时根据介质的腐蚀性及容器的使用温度、使用压力等条件选择合适的材料，并规定一定的使用寿命。但由于工艺条件对介质的腐蚀性有很大影响，因此必须严格控制介质的成分及杂质含量、流速、水分及pH值等工艺指标，以减小腐蚀速度、延长使用寿命。

杂质含量：选材时，往往只注意介质的主要成分，忽略了工艺中不可避免的某些杂质。在特定条件下，杂质的存在会造成严重腐蚀。通常影响较为严重的是氯离子、氢离子及硫化氢等，如液化石油气储罐检查中发现的诸多危及安全使用的隐患，除制造质量外，介质中硫化氢含量高也是重要原因之一。某些储存容器，因杂质会在上部液面或容器底部积聚，使得这些地方腐蚀严重。

含水量：气体、液化气体中水分的存在，可加速介质对器壁的腐蚀作用。由于水能溶解多种杂质而形成电解质溶液，从而导致电化学腐蚀的产生。如无水的氯不会腐蚀器壁，但在少量水存在的情况下，会对容器产生强烈的腐蚀，尤其是奥氏体不锈钢材料的容器，更易造成晶间腐蚀。

⑤交变载荷的控制

压力容器在反复变化的载荷作用下会产生疲劳破坏。疲劳破坏往往会发生在开孔、接管、焊缝、转角及其他几何形状不连续的区域。为了防止疲劳破坏，除了在结构设计时尽可能地减少应力集中外，还应在容器运行中保持压力、温度升降平稳，尽量避免突然停车，同时应当尽量避免不必要的频繁加压和卸压。

（3）压力容器的停止运行

①正常停止运行

压力容器按照有关规定进行定期检验、检修、技术改造，或因原料、能源供应不及时，内部填料定期处理、更换或因工艺需要采取间歇式操作等原因而停止运行，均属于正常停止运行。停运过程是一个变操作参数的过程，在较短的时间内容器的操作压力、操作温度、液位等不断变化，要进行切断物料、卸出物料、吹扫、置换等操作。为保证压力容器停运顺利及操作人员安全，停运应按下列要求进行。

编制停运方案：方案内容包括：停运周期及停运操作的程序和步骤；停运过程中控制工艺参数变化幅度的具体要求；压力容器内剩余物料的处理、置换、清洗方法及要求；停运检修的内容、要求、组织实施方案及有关制度。

控制降温、降压速度：停运中应严格控制降温、降压速度，因为急剧降温会使压力容器壳壁产生较大的热应力，严重时会使压力容器产生裂纹、变形、零部件松脱、连接部位泄漏等现象。对于储存液化气体的容器，由于容器内的压力取决于温度，所以必须先降温，才能实现降压。

清除剩余物料：压力容器内剩余物料多为有毒、易燃、腐蚀性介质，若不清理干净，操作人员无法进入压力容器内部检修。如果单台压力容器停运，需在排料后用盲板切断与其他压力容器及压力源的连接；如果是整个系统停运，须将整个系统装置中的物料用真空法或加压法清除。对残留物料的排放与处理应采取相应的措施，特别是可燃、有毒气体应排至安全区域。

准确执行停运操作：停运操作不同于正常操作。要求更加严格、准确无误。开关阀门要缓慢，操作顺序要正确，如蒸汽介质压力容器，要先开排凝阀，待冷凝水排净后关闭排凝阀，再逐步打开蒸汽阀，防止因水击损坏设备或管道。停运操作期间，压力容器周围应杜绝一切火源。

②紧急情况下的停止运行

应立即停止运行的异常情况有：

工作压力、介质温度或器壁温度超过允许值，在采取措施后仍得不到有效控制；

主要承压部件出现裂纹、鼓包、变形、泄漏、穿孔、局部严重超温等危及安全的缺陷；

安全装置失效、连接管件断裂、紧固件损坏，难以保证安全运行；

充装过量或反应容器内介质配比失调，造成压力容器内部反应失控；

压力容器液位失去控制，采取措施后仍得不到有效控制；

压力容器与管道发生严重振动，危及安全运行；

真空绝热压力容器外壁局部存在严重结冰、介质压力和温度明显上升；

发生火灾直接威胁到容器的安全运行；

其他异常情况。

紧急停运时，操作人员必须做到"稳、准、快"，即保持镇定，判断准确，操作正确，处理迅速。同时，还必须做好与前后相关岗位的联系工作。紧急停运前，操作人员应根据压力容器内介质状况做好个人防护。压力容器紧急停止运行时应进行如下操作：

压力来自器外的压力容器，如换热容器、分离容器等，应迅速切断压力来源，开启放空阀、安全阀强制排气泄压。

容器内产生压力的压力容器，超压时应根据压力容器实际情况采取降压措施。如反应容器超压时，应迅速切断电源，使向压力容器内输送物料的设备停止运行，同时联系有关岗位停止向压力容器内输送物料；迅速开启放空阀、安全阀或排污阀，必要时开启卸料阀、卸料口进行紧急排料，在物料未排尽前搅拌不能停止；对产生放热反应的压力容器还应增大冷却水量，使其迅速降温。液化气体介质的储存容器，超压时应迅速采取强制降温措施。

3.压力容器运行中的检查

（1）工艺条件等方面的检查

主要检查操作条件，看操作压力、操作温度及液位是否在安全操作规程规定的范围内；检查工作介质的化学成分，特别是影响容器安全（如产生应力腐蚀、晶间腐蚀）的成分是否符合要求。

（2）设备状况方面的检查

主要检查容器各连接部分有无泄漏及渗漏现象；容器有无明显的变形、鼓包；容器外表面有无腐蚀，保温层是否完好；容器及其连接管道有无异常振动及磨损等现象；支撑、支座及紧固螺栓是否完好，基础有无下沉和倾斜；重要阀门的"启""闭"与挂牌是否一致，联锁装置是否完好。

（3）安全装置方面的检查

主要检查安全装置以及与安全有关的器具（如温度计、流量计等）是否保持良好状态。如压力表的取压管有无泄漏或堵塞现象，同一系统上的压力表读数是否一致；弹簧式安全阀是否生锈、被油污黏住等情况；杠杆式安全阀的重锤是否有移动的迹象。检查安全装置和计量器具表面是否被油污或杂物覆盖，是否达到防冻、防晒和防雨的要求。检查安全装置和计量器具是否在规定的使用期限内，其精度是否符合要求。

三、反力容踏的维护保养

（一）使用期间的维护保养

1. 消除跑、冒、滴、漏现象

压力容器的连接部位及密封部位往往由于磨损或密封面损坏，或因热胀冷缩、设备振动等原因使紧固件松动或预紧力减小，出现跑、冒、滴、漏现象，这种现象不仅浪费原料和能源、污染环境，恶化操作条件，还常常造成设备的腐蚀，严重时还会引起容器的破坏事故。因此，压力容器运行中，要经常检查容器的紧固件和密封状况，及时消除跑、冒、滴、漏现象。

2. 保持防腐层和保温层完好

腐蚀是压力容器的一大危害，做好容器的防腐工作是压力容器日常维护保养的一项重要内容。工作介质对材料有腐蚀性的压力容器，通常采用防腐层来防止介质对器壁的腐蚀，如涂层、搪瓷、衬里、金属表面钝化处理等。但防腐层一旦损坏，介质将直接接触器壁而产生严重腐蚀，所以必须保持防腐层完好。这就要求在容器使用过程中加强对防腐层的维护保养，经常检查防腐层有无脱落、衬里有无开裂等现象。发现防腐层损坏时，即便是局部的，也应妥善修补处理后才能继续使用。装入固体物料或安装内部附件时应注意避免刮落或碰坏防腐层。带有搅拌器的压力容器，应防止搅拌器叶片与器壁碰撞；内装填料压力容器，填料环应布放均匀，防止流体介质偏流造成磨损。

有保温层的压力容器，保温层一旦脱落或局部损坏，就会使局部温差变大，产生温差应力，引起局部变形。因此，要注意检查保温层是否完好，防止器壁裸露。

3. 维护保养好安全装置，保持安全装置灵敏可靠

定期检查、试验和校正安全装置和计量仪表，发现不准确或不灵敏时，应及时检修和更换。安全装置上面及附近不得堆放任何有碍其动作、指示或影响其灵敏度、精度的物料、介质，保持安全装置外表整洁。安全装置不得任意拆卸或封闭不用，没有按规定装设安全装置的压力容器不能使用。

4. 消除或减小振动

振动不但会使压力容器上的紧固螺钉松动，影响连接效果，还会使压力容器接管根部产生附加应力，引起应力集中，特别是当振动频率与压力容器的固有频率相同时，会发生共振现象，造成压力容器的倒塌。因此当发现压力容器存在较大振动时，应采取适当措施，如隔断振源、加强支撑等，以消除或减轻压力容器的振动。

（二）停用期间的保养

（1）停止运行尤其是长期停用的压力容器，一定要将其内部介质排放干净，清除内壁的污垢、附着物和腐蚀产物。对于腐蚀性介质，排放后还需经过置换、清洗、吹干等技术处理。要注意清除压力容器"死角"内积存的腐蚀性介质。

（2）要经常保持容器的干燥和清洁。为了减轻大气对停用压力容器外表面的腐蚀，要经常把散落在上面的灰尘、灰渣及其他污垢清除干净，并保持压力容器表面及周围环境干燥。

（3）要保持压力容器外表面的防腐油漆完好无损，发现油漆脱落或刮落时要及时补涂。有保温层的压力容器，还要注意保温层下和支座处的防腐。

第三节 压力容器常见事故

一、压力容器事故分级

（一）压力容器特别重大事故

有下列情形之一的，为特别重大事故：

（1）事故造成30人以上死亡，或者100人以上重伤（包括急性工业中毒，下同），或者1亿元以上的直接经济损失的；

（2）压力容器有毒介质泄漏，造成15万人以上转移的。

（二）压力容器重大事故

有下列情形之一的，为重大事故：

（1）事故造成10人以上30人以下死亡，或者50人以上100人以下重伤，或者5 000万元以上1亿元以下直接经济损失的；

（2）压力容器有毒介质泄漏，造成5万人以上15万人以下转移的。

（三）压力容器较大事故

有下列情形之一的，为较大事故：

（1）事故造成3人以上10人以下死亡的，或者10以上50人以下重伤的，或者1 000万元以上5 000万元以下的直接经济损失的；

（2）压力容器发生爆炸的；

（3）压力容器有毒介质泄漏，造成1万人以上5万人以下转移的。

（四）压力容器一般事故

有下列情形之一的，为一般事故：

（1）事故造成3人以下死亡，或者10人以下重伤，或者1万元以上1000万元以下直接经济损失的；

（2）压力容器有毒介质泄漏，造成500人以上1万人以下转移的。

下列情形不属于压力容器事故：

（1）因自然灾害、战争等不可抗力引发的；

（2）通过人为破坏或者利用压力容器等方式实施违法犯罪活动或者自杀的；

（3）压力容器作业人员、检验检测人员因劳动保护措施缺失或者保护不当而发生坠落、中毒、窒息等情形的。

因交通事故、火灾事故引发的与压力容器相关的事故，由质量技术监督部门配合有关部门进行调查处理。经调查，该事故的发生与压力容器本身或者相关作业人员无关的，不作为压力容器事故。

二、压力容器事故调查与处理

（一）压力容器事故报告

事故报告应当包括以下内容：

（1）事故发生的时间、地点、单位概况以及压力容器种类；

（2）事故发生初步情况，包括事故简要经过、现场破坏情况、已经造成或者可能造成的伤亡和涉险人数、初步估计的直接经济损失、初步确定的事故等级、初步判断的事故原因；

（3）已经采取的措施；

（4）报告人姓名、联系电话；

（5）其他有必要报告的情况。

报告事故后出现新情况的，以及对事故情况尚未报告清楚的，应当及时逐级上报。上报内容应当包括：事故发生单位详细情况、事故详细经过、设备失效形式和损坏程度、事故伤亡或者涉险人数变化情况、直接经济损失、防止发生次生灾害的应急处置措施和其他有必要报告的情况等。

自事故发生之日起 30 日内，事故伤亡人数发生变化的，有关单位应当在发生变化的当日及时补报或者续报。

事故发生单位的负责人接到事故报告后，应当立即启动事故应急预案，采取有效措施，组织抢救，防止事故扩大，减少人员伤亡和财产损失。

质量技术监督部门接到事故报告后，应当按照特种设备事故应急预案的分工，在当地人民政府的领导下积极组织开展事故应急救援工作。

（二）压力容器事故调查

1. 成立调查组

事故发生后，应立即成立调查组。事故调查组成员应当具有压力容器事故调查所需要的知识和专长，与事故发生单位及相关人员不存在任何利害关系。事故调查组组长由负责事故调查的质量技术监督部门负责人担任。

必要时，事故调查组可以聘请有关专家参与事故调查。所聘请的专家应当具备 5 年以上压力容器安全监督管理、生产、检验检测或者科研教学工作经验。设区的市级以上质量技术监督部门可以根据事故调查的需要，组建压力容器事故调查专家库。

根据事故的具体情况，事故调查组可以内设管理组、技术组、综合组，分别承担管理原因调查、技术原因调查、综合协调等工作。

事故调查组应当履行下列职责：

（1）查清事故发生前的压力容器状况；

（2）查明事故经过、人员伤亡、压力容器损坏、经济损失情况以及其他后果；

（3）分析事故原因；

（4）认定事故性质和事故责任；

（5）提出对事故责任者的处理建议；

（6）提出防范事故发生和整改措施的建议；

（7）提交事故调查报告。

2. 事故现场调查

（1）调查设备本体的破坏情况

包括设备原来的安装位置，事故发生时设备的破坏形式和碎片飞出情况，以及与设备相连部件的损坏情况，并取样做进一步的试验、分析。调查时注意做以下记录：断口的形状、颜色、晶粒和断口纤维状等特征；裂口的位置、方向，裂口的宽度、长度及其壁厚、碎片的重量等。可以从断口和破坏情况初步判断事故性质，是塑性断裂、脆性断裂还是疲劳断裂。

（2）调查安全附件情况

了解设备爆炸时安全附件的情况对确定事故原因十分重要，如安全阀的开启状态、压力表的指针状态等，是判断设备爆炸时承压状态的重要依据。压力容器发生事故后，在初步检查安全阀、压力表、测温仪表后，再拆卸下来进行详细检查，以确定是否超压或超温运行。若有减压阀，应检查其是否失灵。装设爆破片的，应检查是否已爆破等情况。

（3）调查现场破坏及人员伤亡情况

包括被破坏建筑物的形状和尺寸、与爆炸中心的距离以及门窗损坏程度；人员伤亡原因、受伤程度等。这些破坏情况有助于估算爆炸设备的破坏能量。测量时，可用摄像、摄影及绘图等方法进行记录。

3. 了解事故发生前设备运行情况

为了准确了解事故发生前设备的真实运行情况，应尽量收集各种操作记录，包括容器在事故发生时的操作压力、温度、物料装填量、物料成分及进出流量等；事故发生过程是否出现不正常情况，如压力波动、漏气、响声等，采取的紧急措施，安全装置的动作情况；操作人员的操作水平，有无经过安全培训、考核合格等情况，是否持证上岗，以便于判断是否有误操作现象。

4. 了解设备制造和使用、检验情况

了解包括容器的制造厂、出厂日期、有无产品合格证、质量证明书及检验证书等；容器材质情况及制造时存在的缺陷；容器的使用情况及使用年限、上次检验日期、内容及所发生的问题；容器的工作条件，压力、温度、介质成分及浓度，是否对容器构成应力腐蚀、晶间腐蚀及其他腐蚀的可能性。以便判断是因设计、制造不良引起事故，还是使用管理不当造成的事故。也可以通过组织有关人员座谈来了解情况。

5.材料成分和性能的检查

（1）化学成分检验

重点分析检验对材料性能（力学性能、加工工艺性能及防腐蚀性能）有影响的元素成分，以查明所用的材料是否与原设计要求相符。对个别容器，使用介质及环境条件又可能使器壁材料的化学成分发生改变时（如高温高压下的氢使碳钢"脱碳"）应采用剥层法检验材料表面的化学成分（重点是含碳量），以便与原材料或外层材料相比较，查明它的改变程度。

（2）力学性能测定

根据对容器断裂形式的判断，取样做材料性能试验的测定，验证所用材料是否与设计符合，或材料的力学性能在加工（焊接或锻造等）过程中是否发生显著变化。例如，属韧性断裂的，至少应测量其强度指标；脆性断裂的，要测定材料在使用温度下的塑性（延伸率及断面收缩率）和韧性指标（冲击功及断裂韧度等）。

（3）金相检查

通过低倍酸蚀检验，可以了解材料原有质量的情况及加工制造和运行中可能出现的异常现象。

（4）工艺性能试验

工艺性能试验常作为分析事故原因的一种辅助手段。即容器破裂的原因已经由其他条件初步提供，再通过某种工艺性能试验进一步验证。其中包括：焊接性能试验，耐腐蚀性能试验以及特殊环境条件下特种工艺性能试验。

事故调查组应当查明引发事故的直接原因和间接原因，并根据对事故发生的影响程度认定事故发生的主要原因和次要原因。

事故调查组根据事故的主要原因和次要原因，判定事故性质，认定事故责任。

事故调查组根据当事人行为与特种设备事故之间的因果关系以及在特种设备事故中的影响程度，认定当事人所负的责任。当事人所负的责任分为全部责任、主要责任和次要责任。当事人伪造或者故意破坏事故现场、毁灭证据、未及时报告事故等，致使事故责任无法认定的，应当承担全部责任。

事故调查组应当向组织事故调查的质量技术监督部门提交事故调查报告。事故调查报告应当包括下列内容：

①事故发生单位情况;

②事故发生经过和事故救援情况;

③事故造成的人员伤亡、设备损坏程度和直接经济损失;

④事故发生的原因和事故性质;

⑤事故责任的认定以及对事故责任者的处理建议;

⑥事故防范和整改措施;

⑦有关证据材料。

事故调查报告应当经事故调查组全体成员签字。事故调查组成员有不同意见的,可以提交个人签名的书面材料,附在事故调查报告内。

压力容器事故调查应当自事故发生之日起 60 日内结束。特殊情况下,经负责组织调查的质量技术监督部门批准,事故调查期限可以适当延长,但延长的期限最长不超过 60 日。

（三）压力容器事故处理

依照《特种设备安全监察条例》的规定,省级质量技术监督部门组织的事故调查,其事故调查报告报省级人民政府批复,并报国家质检总局备案;市级质量技术监督部门组织的事故调查,其事故调查报告报市级人民政府批复,并报省级质量技术监督部门备案。

国家质检总局组织的事故调查,事故调查报告的批复按照国务院有关规定执行。

发生压力容器特别重大事故,依照《生产安全事故报告和调查处理条例》的有关规定实施行政处罚和处分;构成犯罪的,依法追究刑事责任。

发生压力容器重大事故及其以下等级事故的,依照《特种设备安全监察条例》的有关规定实施行政处罚和处分;构成犯罪的,依法追究刑事责任。

发生压力容器事故,有下列行为之一,构成犯罪的,依法追究刑事责任;构成有关法律法规规定的违法行为的,依法予以行政处罚;未构成有关法律法规规定的违法行为的,由质量技术监督部门等处以 4 000 元以上 2 万元以下的罚款:

（1）伪造或者故意破坏事故现场的;

（2）拒绝接受调查或者拒绝提供有关情况或者资料的;

（3）阻挠、干涉压力容器事故报告和调查处理工作的。

第四章 压力管道设备安全

第一节 压力管道的相关基础概述

一、压力管道术语与定义

（一）压力管道

压力管道，是指利用一定的压力，用于输送气体或者液体的管状设备。其受监察范围为最高工作压力大于或者等于 0.1MPa（表压）的气体、液化气体、蒸汽介质，或者可燃、易爆、有毒、有腐蚀性，最高工作温度高于或者等于标准沸点的液体介质，且公称直径大于或者等于 50m 目的管道。

公称直径小于 150mm，且最高工作压力小于 1.6MPa，且输送无毒、不可燃、无腐蚀性气体管道及设备本体所属管道除外。

（二）工业管道

工业管道是指企业、事业单位所属的用于输送工艺介质的管道、公用工程管道及其他辅助管道。

工艺管道：输送原料、中间物料、成品、催化剂、添加剂等工艺介质的管道。

公用工程管道：工艺管道以外的辅助性管道，包括水、蒸汽、压缩空气、惰性气体等的管道。

（三）公用管道

公用管道是指城市或乡镇范围内用于公用事业或民用的燃气管道和热力管道。

（四）长输（油气）管道

长输（油气）管道是指产地、储存库、使用单位间用于输送商品介质的管道。

（五）动力管道

动力管道是指火力发电厂用于输送蒸汽、汽水两相介质的管道。

（六）石油化工管道

石油化工生产装置及辅助设施中用于输送工艺和公用介质的管道。

（七）管道

由管道组成件、管道支吊架等组成，用以输送、分配、混合、分离、排放、计量流体或控制流体流动的管状设备。

（八）管道组成件

用以连接或装配成管道的元件，包括管子和管路附件。

二、压力管道的特点与用途

（一）压力管道的特点

（1）压力管道是一种危险性较大的承压特种设备。

（2）管道体系庞大，管道的空间变化大。由多个组成件、支承件组成，安装复杂且隐蔽工程多，实施检验难度大，如对于高空和埋地管道的检验始终是难点。

（3）压力管道施工面大，施工周期长，范围大，环境复杂，条件差，影响工程质量的因素多。

（4）压力管道输送独具的隐蔽、连续、密闭、营运成本低等特点。

（5）失效的模式多样，任一环节出现问题都会造成整条管线的失效。

（6）腐蚀机理与材料损伤的复杂性。易受周围介质或设施的影响，容易受诸如腐蚀介质、杂散电流影响，而且还容易遭受意外伤害。

（7）安装方式多样，有的架空安装，有的埋地敷设。

（8）载荷的多样性，除介质的压力外，还有重力载荷以及位移载荷等。

（9）材质的多样性，可能一条管道上需要用几种材质。

（10）长输管道一般具有以下特点：输送距离长；常穿越多个行政区划，甚至国界；一般设有中间加压泵站；可能有跨（穿）越工程；绝大部分埋地敷设。

（二）压力管道的用途

压力管道的作用是输送、分配、混合、分离、排放、计量、控制或制止流体流动。压力管道广泛用于石油、化工、冶金、电力、医药、机械、铁路、公路、水运、航运等行业以及城市供热和燃气等生产装置中，压力管道是完成物料连续、密闭输送的不可缺少的设施。

三、压力管道的分类

（一）按用途分类

压力管道按其用途划分为工业管道（含动力管道）、公用管道、长输管道。

（二）按主体材料分类

1. 金属管道

金属管道包括：铸铁管道、碳钢管道、低合金钢管道、高合金钢管道、有色金属管道。其中高合金钢管道包括铁素体不锈钢管道、奥氏体不锈钢管道、双相不锈钢管道、Cr-Mo 型耐热高强钢管道。

2. 非金属管道

非金属管道包括：塑料管道、混凝土管道、陶瓷管道、玻璃纤维管道等。

3. 复合材料管道

复合材料管道包括：金属复合管道、非金属复合管道、金属与非金属复合管道。

（三）按敷设位置分类

按敷设位置压力管道分为：架空、地面敷设管道、地沟敷设管道和埋地管道等。

（四）按介质特性分类

（1）按介质毒性分为：剧毒管道（极度危害）、有毒管道（非极度危害）和无毒管道等。

（2）按介质可燃性分为：可燃介质管道、非可燃介质管道。

（3）按介质腐蚀性分为：腐蚀性介质管道和非腐蚀性介质管道等。

四、焊接接头

（一）焊缝位置

1. 工业金属管道的焊缝位置

（1）直管段上两对接焊口中心面距离，当公称直径大于或等于 150mm 时，不应小于 150mm；当公称直径小于 150mm 时，不应小于管子外径，且不小于 100mm。

（2）除采用定型弯头外，管道焊缝与弯管起点距离不应小于管子外径，且不得小于 100mm。

（3）管道焊缝距离支管或管接头的开孔边缘不应小于 50mm，且不应小于孔径。

（4）当无法避免在管道焊缝上开孔或开孔补强时，应对开孔直径 1.5 倍或开孔补强板直径范围内的焊缝进行射线或超声波检测。被补强板覆盖的焊缝应磨平。管孔边缘不应存在焊接缺陷。

（5）卷管的纵焊缝应设置在易检修的位置，不宜设在底部。

（6）管道环焊缝距离支吊架净距离不得小于 50mm，需要热处理的焊缝距支吊架不得小于焊缝宽度的 5 倍，且不得小于 100mm。

（7）管道焊接接头的设置应当便于焊接和热处理，并尽量避开应力集中区。

2.GB 50683-2011 标准对焊件焊缝位置的规定

焊件焊缝位置应符合设计文件和下列规定：

（1）钢板卷管或设备的筒节、筒节与封头组对时，相邻两筒节间纵向焊缝间应大于壁厚的 3 倍，且不应小于 100mm；同一筒节上两相邻纵焊缝间的距离不应小于 200mm。

（2）管道同一直管段上两对接焊口中心面距离应符合下列规定：

①当公称直径大于或等于 150mm 时，不应小于 150mm；

②当公称直径小于 150mm 时，不应小于管子外径，且不小于 100mm。

（3）卷管的纵向焊缝应置于易于检修的位置，且不宜在底部。

（4）有加固环、板的卷管，加固环、板的对接焊缝与卷管的纵向焊缝错开，其间距不应小于 100mm。加固环、板距卷管的环焊缝不应小于 50mm。

（5）受热面管子的焊缝与管子弯曲起点、联箱外壁及支、吊架；同一直管段上两对接焊缝中心间的距离不应小于 150mm。

（6）除采用定型弯头外，管道对接环焊缝中心与弯管起点的距离不应小于管子外径，且不应小于 100mm。管道对接环焊缝距支、吊架边缘的距离不应小于 50mm；需热处理的焊缝距支、吊架边缘的距离不应小于焊缝宽度的 5 倍，且不应小于 100mm。

（二）衬环结构的限制

对于腐蚀、振动或剧烈循环工况，焊接时应尽量避免使用衬环，或使用熔化性嵌条代替衬环；如需采用衬环，应在焊后去除衬环并打磨。对于剧烈循环工况或 GC1 级管道，不得使用开口衬环。

（三）采用承插焊焊缝的焊接接头的限制

1. 采用承插焊焊缝的焊接接头

①一般用于公称直径小于或等于 DN50 的管道；

②承口尺寸应符合相应法兰或管件标准的规定，焊缝尺寸应不小于 GB/T 20801.4–2006。

2. 以下场合不得采用承插焊焊接：

①可能产生缝隙腐蚀或严重冲蚀的场合；

②要求焊接部位及管道内壁光滑过渡的场合；

③剧烈循环工况或 GC1 级管道的场合，且承插焊连接接头的公称直径大于 DN50。

五、材料选用、验收和使用

（一）材料的选用

第一，管道组成件的材料选用（选用包括材料牌号、材料在设计温度下的许用应力、厚度、供货状态）应当满足以下各项基本要求，设计时根据特定使用条件和介质，选择合适的材料：

（1）符合相应材料标准的规定，其使用方面的要求符合管道有关安全技术规范的规定；

（2）工业金属管道所用材料的断后伸长率应当不低于 14%，材料在最低使用温度下具备足够的抗脆断能力。由于特殊原因必须使用断后伸长率低于 14% 的金属材料时，须采取必要的防护措施；

（3）在预期的寿命内，材料应当在使用条件下具有足够的稳定性，包括物理性能、化学性能、耐腐蚀性能以及应力腐蚀破裂的敏感性等；

（4）考虑在可能发生火灾和灭火条件下的材料适用性以及由此而带来的材料性能变化和次生灾害；

（5）材料适合相应制造、制作加工（包括锻造、铸造、焊接、冷热成形加工、热处理等）的要求，用于焊接的碳钢、低合金钢的含碳量小于或等于 0.30%；

（6）几种不同的材料组合使用时，应当注意其可能出现的不利影响。

第二，碳素结构钢管道组成件（受压元件）对管道盛装的介质特性、设计压力的限制应当符合以下规定：

（1）碳素结构钢不得用于 GC1 级管道；

（2）沸腾钢和半镇静钢不得用于有毒、可燃介质管道，设计压力小于或者等于 1.6MPa，使用温度低于或者等于 200V，且不低于 0℃；

（3）Q215A、Q235A 等 A 级镇静钢不得用于有毒、可燃介质管道，设计压力小于或者等于 1.6MPa，使用温度低于或者等于 350℃，最低使用温度按照 GB/T 20801.1-2006《压力管道规范—工业管道第 1 部分：总则》的规定；

（4）Q215B、Q235B 等 B 级镇静钢不得用于极度、高度危害有毒介质管道，设计压力小于或者等于 3.0MPa，使用温度低于或者等于 350℃，最低使用温度按照 GB/T 20801.1-2006《压力管道规范—工业管道第 1 部分：总则》的规定。

第三，用于管道组成件的碳素结构钢的厚度应当符合下列要求：

（1）沸腾钢、半镇静钢，厚度不得大于 12mm；

（2）A 级镇静钢，厚度不得大于 16mm；

（3）B 级镇静钢，厚度不得大于 20mm。

第四，碳钢、碳锰钢、低温用镍钢不宜长期在 425℃以上环境中使用。

第五，铬车目合金钢在 400℃～550℃区间长期使用时，应当根据使用经验和具体情况提出适当的回火脆性防护措施。

第六，用于管道受压元件焊接的焊接材料，应当符合有关安全技术规范及其相关标准的规定。

（二）材料标记和质量证明文件的验收

设计文件规定进行低温冲击韧性试验的材料，质量证明文件中应有低温冲击韧性试验报告。

设计文件规定进行晶间腐蚀试验的不锈钢管子和管件，质量证明文件中应有晶间腐蚀试验报告。

质量证明文件提供的性能数据如不符合产品标准或设计文件的规定，或接受方对性能数据有异议时，应进行必要的补充试验。

对于具有监督检验证明的管道组成件及管道支承件，可适当减少检查和验收的频率或数量。

（三）外观检查

对于管道组成件及管道支承件的材料牌号、规格和外观质量，应进行逐个目视检查并进行几何尺寸抽样检查，目视检查不合格者不得使用，几何尺寸抽样检查应符合相关标准的规定。

（四）材质检查

对于合金钢、含镍低温钢、含铝奥氏体不锈钢以及镍基合金、钛和钛合金材料的管道组成件，应采用光谱分析或其他方法进行材质抽样检查。

材质为不锈钢、有色金属的管道元件，在储存期间不得与碳钢接触。管子在切割和加工前应当做好标记移植。

（五）焊接材料

用于管道受压元件焊接的焊接材料，应当符合有关安全技术规范及其相关标准的规定。焊接材料应当有质量证明文件和相应标志，使用前应当进行检查和验收，不合格者不得使用。施焊单位应当建立焊接材料的保管、烘干、发放和回收管理制度。

六、焊接

（一）焊接工艺及焊接工艺评定

所有管道受压元件的焊接及受压元件与非受压元件之间的焊接，必须采用经评定合格的焊接工艺，并由合格焊工进行施焊。

长输（油气）管道的焊接工艺评定和焊工技能评定应分别符合相关产品标准的规定。

（二）焊接坡口形式

1. 坡口形式

坡口形式执行设计文件、GB/T 985.1-2008《气焊、焊条电弧焊、气体保护焊和高能束焊的推荐坡口》、GB/T 985.2-2008《埋弧焊的推荐坡口》、GB/T 985.3-2008《铝及铝合金气体保护焊的推荐坡口》、GB/T 985.4-2008《复合钢的推荐坡口》等文件的规定。

2.管道壁厚不等厚时削薄处理

为了避免因焊接接头两侧的母材厚度不一致，焊后产生应力集中和附加弯矩，所以管道壁厚不等厚时，需考虑对较厚一侧的母材做削薄处理，其削薄长度应符合相关的要求。

（三）焊接方法的选择

GC1级管道的单面对接焊接接头，设计温度低于或者等于-20℃的管道、淬硬倾向较大的合金钢管道、不锈钢及有色金属管道应当采用氩弧焊进行根部焊道焊接。

公称直径大于或等于600m目的工业金属管道，宜在焊缝内侧进行根部封底焊。下列工业金属管道的焊缝底层应采用氩弧焊或能保证底部焊接质量的其他焊接方法：

（1）公称直径小于600mm，且设计压力大于或等于10MPa、或设计温度低于-20℃的管道。

（2）对内部清洁度要求较高及焊接后不易清理的管道。

除上述情况外，可根据焊接位置选择合适的焊接方法进行焊接。

（四）焊接环境

对施工现场的焊接环境应当进行严格控制。焊接的环境温度应当保证焊件焊接所需的足够温度和焊工技能操作不受影响。焊件表面潮湿，或者在下雨、下雪、刮风期间，焊工及焊件无保护措施时，不得进行焊接。

（五）焊件组对

焊件组对，除设计文件规定的管道预拉伸或者预压缩焊口外，不得强行组对。

夹套管的内管必须使用无缝钢管，内管管件应当使用无缝或者压制对焊管件，不得使用斜接弯头。当内管有环向焊接接头时，该焊接接头应当经100%射线检测合格，并且经耐压合格后方可封入夹套。

（六）焊接检验

工业用压力管道检验应执行设计文件、管道设计安装验收标准的要求，例如：GB 50184-2011《工业金属管道工程施工质量验收规范》、GB 50683-2011《现场设备、工业管道焊接工程施工质量验收规范》等；公用管道焊接检验等应执行设计文件、管道设计安装验收标准的要求，例如：

GB 50028-2006《城镇燃气设计规范》；长输（油气）管道焊接检验等应执行设计文件、设计安装验收标准的要求，例如：GB 50369-2014《油气长输管道工程施工及验收规范》、SH 3501-2011《石油化工有毒、可燃介质钢制管道工程施工及验收规范》。

钛及钛合金焊接前和焊接过程中应当防止坡口污染。钛及钛合金焊缝每焊完一道均应当进行表面颜色检查，表面颜色不合格者应当立即除去，重新焊接。

锆及锆合金的焊缝表面应为银白色，当出现淡黄色时应予以清除。

焊接接头焊完后，应当在焊接接头附近做焊工标记。对无法直接在管道受压元件上做焊工标记的，可以采取在管道轴测图上标注焊工代号的方法代替。

焊接接头返修，应当符合以下要求：

（1）返修前进行缺陷产生的原因分析，提出相应的返修措施；

（2）补焊采用经评定合格的焊接工艺，并且由合格焊工施焊；

（3）工业金属管道同一部位（指焊补的填充金属重叠的部位）的返修次数超过 2 次时，必须考虑对焊接工艺的调整，重新制定返修措施，经施焊单位技术负责人批准后方可进行返修；

（4）长输（油气）管道焊接接头返修，应符合下列规定：

①焊道中出现的非裂纹性缺陷，可直接返修。若返修工艺不同于原始焊道的焊接工艺，或返修是在原来的返修位置进行时，必须使用评定合格的返修焊接工艺规程；

②当裂纹长度小于焊缝长度的 8% 时，应使用评定合格的返修焊接规程进行返修。当裂纹长度大于 8% 时所有带裂纹的焊缝必须从管线上切除；

③焊缝在同一部位的返修不得超过 2 次。根部只允许返修 1 次，否则应将该焊缝切除。返修后，按原标准检测。

（5）返修后按照原规定的检验方法重新检验，并且连同返修以及检验记录（明确返修次数、部位、返修后的无损检测结果）一并记入技术文件和资料中提交给使用单位；

（6）要求焊后热处理的管道，必须在热处理前进行焊接返修，如果在热处理后进行焊接返修，返修后需要再做热处理。

七、焊接接头无损检测

（一）焊接接头的表面无损检测

焊接接头的表面无损检测应符合下列规定：

对规定进行表面无损检测的焊接接头，其检测标准执行 NB/T 47013-2015《承压设备无损检测》标准，检测方法（磁粉或渗透检测，对于铁磁性金属材料应优选磁粉检测）、检测比例及合格级别按设计文件和相关标准的规定。

当规定进行表面无损检测时，若焊接接头有再热裂纹倾向，其表面无损检测应在焊后和热处理后各进行一次。

当发现焊接接头表面有缺欠时，应及时消除，消除后应重新进行检测，直至合格。

（二）焊接接头的射线及超声检测

（1）工业压力管道焊接接头的射线及超声检测应符合下列规定：

焊接接头的射线及超声检测执行 NB/T 47013-2015《承压设备无损检测》或 SY/T4109《石油天然气钢质管道无损检测》标准。

焊接接头的射线检测、超声检测比例、检测技术等级、合格级别，执行设计文件和相关标准的规定。

对焊接接头无损检测时发现的不允许的缺欠，应清除后进行补焊，并对补焊处用原规定的检测方法进行检测，直至合格。对规定进行局部无损检测的焊接接头，当发现不允许的缺欠时，应进一步用原规定的检测方法进行扩大检测，扩大检测的比例应执行设计文件及相关标准，扩检结束后，再进行返修。

规定进行局部射线检测或超声检测的焊接接头，其检测位置应由质检人员指定。

射线检测或超声检测应在被检测的焊接接头覆盖前或影响检测作业的工序前进行。

当必须在焊接接头上开孔或开孔补强时，应对开孔直径 1.5 倍或开孔补强板直径范围内的焊接接头进行无损检测，确认焊接接头合格后，方可进行开孔。补强板覆盖的焊接接头应磨平。管孔边缘不应存在焊接缺陷。

设计文件没有规定进行射线检测或超声检测的焊接接头，质检人员应对全部焊接接头的可见部分进行外观检查，其质量应符合相关的规定。当质检人员对焊接接头不可见部分的外观质量有怀疑时，应做进一步检测。

（2）输气管道焊接接头的射线及超声检测应符合下列规定：

当管道环向应力大于或等于20%屈服强度时，其焊接接头应采用无损检测法进行检测，或将完工的焊接接头割下后做破坏性试验。

所有焊接接头应进行全周长100%无损检测。射线检测和超声检测是首选无损检测方法。焊接接头表面缺欠可进行磁粉或渗透检测。

（3）当采用超声检测时，应采用射线检测对所选取的焊接接头全周长进行复验，其复验数量为每个焊工或流水作业焊工组当天完成的全部焊接接头中任意选取不小于下列数目的焊接接头进行：

①一级地区中焊接接头的5%；

②二级地区中焊接接头的10%；

③三级地区中焊接接头的15%；

④四级地区中焊接接头的20%。

（4）输气站内管道和穿跨越水域、公路、铁路的管道焊接接头，弯头与直管段焊接接头以及未经试压的管道碰口焊接接头，均应进行100%射线检测。

（5）当射线检测复验时，如每天的焊口数量达不到上述复验比例要求时，可以以每千米为一个检测段，并按规定的比例数进行复验。

（6）无损检测执行NB/T 47013-2015《承压设备无损检测》标准，Ⅱ级为合格。

第二节 压力管道的安全技术

一、概述

压力管道系统应能满足正常发挥功能，操作、维修方便和长周期安全运行，并达到规定的使用年限的基本要求。压力管道的安全性能要求是压力管道各项要求的组成部分，是针对压力管道的危险、危害因素而提出的，是最基本的要求。

一个管道系统，为了完成流体的输送、分配、混合、分离、排放、计量或控制流体流动的功能，必须与相应的动力设备、反应设备、储存设备、分离设备、换热设备、控制设备等连接在一起，形成一个系统，使管内流体具有一定的压力、温度和流量，完成设计预定的任务。因此，管道系统的安全运行受到三个方面的影响：

（1）管内流体性质的影响，如：流体的温度、压力、状态、物理性质（沸点、蒸汽压、电导率、可压缩性、热膨胀性等）、毒性、辐射性、可燃性、闪点、自燃温度、爆炸极限、反应活性、腐蚀性、杂质含量、两相流等。

（2）管道系统自身的影响，如管道系统布置、管道应力计算、组成件的选用和压力设计、柔性分析和支承设计、管道制作安装和检验等。

（3）外部因素的影响，如环境（气温、风载、雪载、结冰等气候条件，雷击、地震和火灾等），相关设备和仪表的振动、脉动、水锤、剧烈循环荷载和仪表故障，以及人为操作失误和缺乏维护等。

二、承压部分的安全性能要求

（一）设计压力和设计温度

各类压力管道设计规范均对设计压力和设计温度做出了明确规定。对于工业金属管道，一条管道及其每个组成件的设计压力，不应小于运行中遇到的内压或者外压与温度相耦合时最严重条件下的压力；管道的设计温度应为管道在运行时，压力和温度相耦合的最严重条件下的温度。对于 0℃以下的管道，应考虑液体及环境温度影响设计温度应取低于或者等于管道材料可达到的最低温度。

（二）强度、刚度、稳定性

1. 强度

压力管道必须具有足够的强度。压力管道的强度分别按照《输气管道工程设计规范范》《输油管道工程设计规范》《城镇燃气设计规范》《城市供热管网结构设计规范》《压力管道规范—工业管道第3部分：设计和计算》《工业金属管道设计规范》等进行计算。

与其他承压类特种设备相比，压力管道的强度具有两个特点：一是长输（油气）管道和部分城镇燃气管道，管道经过不同地区时，如地区级别不同（划分为4个级别），管道的安全裕度不同（强度设计系数不同）；二是计算管道强度时，管道所受主要载荷除考虑内压外，还要考虑弯矩的影响，而且往往是以弯矩为主。

2.刚度

《输油管道工程设计规范》中规定：管道的刚度应满足运输、施工和运行时的要求，输油输气管道通过控制管径与壁厚的比值或者最小厚度来控制刚度。

3.稳定性

压力管道必须具有足够的稳定性。稳定性按照相应设计规范进行校核。输油管道需校核轴向稳定性，特殊地段还需控制直径方向的变形量；输气管道主要控制径向稳定性。工业管道需要校核最大位移应力。

（三）柔性

与其他承压类特种设备相比，柔性是管道所特有的一个性能要求。管道的柔性是反映管道变形难易程度的一个物理概念。管道在设计条件下工作时，因热胀冷缩、端点附加位移、管道支承设置不当等原因会产生应力过大、变形、泄漏或破坏等影响正常运行的情况。管道的柔性就是管道通过自身变形吸收因温度变化发生尺寸变化或其他原因所产生的位移，保证管道上的应力在材料许用应力范围内的性能。

（四）密封性和持久性

1.密封性

密封性是阻止管道内部流体泄漏的性能。阀门、法兰、螺纹连接、焊缝等部位容易发生泄漏。

2.持久性

持久性是指压力管道的使用寿命，即能否长时间使用的性能。

一般压力管道的设计使用年限为30年。管道的设计使用年限主要与介质条件、管道外部环境条件、输送距离、输送量与用户的特点等有关。

为了满足上述条件，管道系统的设计和计算必须符合标准规定，管道组成件必须使用耐介质腐蚀，能够在设计规定温度下持续承受介质压力作用的材料，且有相应的壁厚、密封结构、防腐蚀措施和其他防护措施。

（五）材料与管道组成件

1.概述

压力管道的材料包括制造压力管道元件用材（受压元件或者管道组成

件）、焊接材料、连接接头的辅助材料、复合金属和衬里材料等。

2. 材料

压力管道元件用材应当符合以下基本要求：

①材料的选用必须依据管道的使用条件（设计压力、设计温度、流体类别）、经济性、耐蚀性、材料的焊接及加工性能，同时满足相应标准提出的材料韧性要求及其他规定。

②材料的规格与性能符合国家现行标准的规定。

③金属材料的使用温度符合管道设计规范的规定。

④低温条件下使用的材料及其焊接接头，其低温力学性能应符合要求。

⑤按照管道设计规范的材料使用要求选用材料。

3. 压力管道元件的选用

管道组成件除满足国家现行标准的规定外，其耐压设计规定、成型及焊后热处理的要求、检验、用材等必须符合管道设计规范的规定。

管道设计规范对管道和其他管道组成件，包括弯管及斜接弯管、管件及支管连接、法兰、垫片、紧固件、管道组成件连接结构、阀门、补偿器、过滤器、非金属衬里的管道组成件等分别提出了选用要求。

（六）结构

1. 结构型式要求

相关的设计规范对管道的结构型式提出了要求，如输气管道的弯头有最小曲率半径的规定；弯头和弯管不得使用褶皱和虾米腰；弹性敷设管道的曲率半径应满足管子强度要求，且不得小于钢管外直径的 1 000 倍等。

2. 连接方式要求

管道元件之间的连接接头有焊接连接接头和可拆卸连接接头两大类。

焊接接头属于永久性连接接头，结构简单，气密性好，使用可靠，维修费用低，所以管道连接除了维修和拆卸等必要的场合外，应尽量采用焊接连接。

法兰、垫片和紧固件需根据使用工况（温度、压力、外加负荷、弯矩、循环工况、振动工况和隔热等）合理选用额定值、材料、密封面和垫片型式（包括材料和厚度）、焊接型式和密封面表面粗糙度，以及螺栓强度和紧固技术要求等。

3. 热补偿的要求

按照设计规范应当进行柔性计算的管道，如果其柔性不符合要求，则应当采取改进措施。一是利用管道自身的弯曲或扭转产生的变位来达到热胀冷缩时的自补偿；二是自补偿不能满足要求时，可调整支吊架的型式与位置或者改变管道走向。如果受条件限制，不能采用上述方法改进柔性，可根据设计文件参数和类别选用补偿装置。

（七）焊接接头

1. 焊接接头结构、型式与焊缝布置

管道焊接接头的结构有对接接头、承插接头和支管连接接头三种形式。对接接头受力状况好，连接强度大，被普遍用于管道元件的连接。承插接头组对方便，接头不需要进行内部缺陷检测，但一般只能用于公称直径小于25m 目的管道连接。支管连接接头则只出现在直接在主管上开口的管道连接上。

相应标准规范中，对焊缝坡口型式和尺寸做出规定，对焊接接头型式提出要求。

压力管道组对焊接时，要合理布置焊缝，如法兰、焊缝及其他连接件应设置于便于检修的位置，并不得紧靠墙壁、楼板或管架，且焊缝不宜处于套管内；直管段上两对接焊口中心间的距离应符合规范规定等。

2. 焊接接头性能

压力管道的焊接接头，应当具有规定的力学性能和工艺性能，如抗拉强度、冲击功、弯曲性能等。

管内流体对管道材料有腐蚀作用时，焊接工艺评定应包括腐蚀试验。设计文件对焊接接头有金相、硬度等要求时，焊接工艺评定也要增加相应的试验项目。

3. 焊接接头表面质量及几何尺寸偏差

管道焊接接头的组对精度应符合要求。焊接完成后应逐件进行外观质量检查。焊接接头的外观质量应当符合相关标准规范的规定。

4. 焊接接头缺陷的控制

压力管道焊接接头的内部缺陷和表面缺陷应当控制在允许的范围内。与锅炉压力容器类似，焊接接头质量也采用无损检测的方法进行评定。不同的设计、施工验收规范对焊接接头无损检测的规定有所差别。

（八）承压能力

1. 概述

压力管道的承压能力通过耐压试验来验证。压力管道在投入使用前要进行耐压试验。对于工业管道，耐压试验一般以液体为试验介质，称为液压试验。液压试验通常以干净水为试验介质，又称水压试验。工业管道和长输油气管道的耐压试验压力的确定方法有所不同。以下以工业管道为例，简介有关耐压试验的要求。

2. 液压试验

承受内压的地上钢管及有色金属管道试验压力应为设计压力的 1.5 倍，埋地钢管道的试验压力应为设计压力的 1.5 倍，且不得低于 0.4MPa。

当管道与设备作为一个系统进行试验，管道的试验压力等于或者小于容器的试验压力时，应按照管道的试验压力进行试验。当管道试验压力大于容器的试验压力，且设备的试验压力不低于管道设计压力的 1.15 倍时，经建设单位同意，可按容器的试验压力进行试验。

承受内压的埋地铸铁管道的试验压力，当设计压力小于或者等于 0.5MPa 时，应为设计压力的 2 倍；当设计压力大于 0.5MPa 时，应为设计压力加 0.5MPa。

对位差较大的管道，应将试验介质的静压计入试验压力中。液体管道的试验压力应以最高点的压力为准，但最低点的压力，不得超过管道组成件的承受力。

三、压力管道的安全保护装置（安全附件）、附属设施

（一）概述

压力管道常用的安全附件和安全保护装置中的安全阀、爆破片装置、温度计、压力表、紧急切断装置等与压力容器基本类似，除此之外，压力管道还有一些根据管道特点所设置的保护装置，如阻火器、防静电装置、阴极保护装置等。

安全附件和安全保护装置的设计、制造，应符合相应国家标准、行业标准的规定。使用单位应对在用压力管道上的安全附件和安全保护装置做好维护保养工作，并按国家计量管理部门的有关要求进行定期校验。

（二）压力表、温度计、视镜

压力管道上装设的压力表必须与使用介质相适应。低压管道使用的压力表精度应当不低于 2.5 级；中压及高压管道使用的压力表精度应当不低于 1.6 级。

压力管道上使用的温度计，主要用于测量介质的温度。其选用、装设要求等由相应的安全技术规范和设计标准做出规定。

视镜用于液体管路上以观察液体流动情况。视镜的种类很多，要根据输送介质的化学性质、物理状态及工艺对视镜功能的要求来选用。

（三）安全泄压装置

1. 输气管道的安全泄放装置

长输输气管道一般设置以下安全泄放装置：

（1）输气站应在进站截断阀上游和出站截断阀下游设置泄压放空装置；

（2）输气干线截断阀上下游均应设置放空管。放空管应能迅速放空两截断阀之间管段内的气体；

（3）输气站存在超压可能的受压设备和容器，应设置安全阀。

2. 热力管道的超压保护装置

运行中可能超压的热力管道系统应当设置超压保护装置。泄压装置多采用安全阀。安全阀开启压力一般为正常最大工作压力的 1.1 倍，最低为 1.05 倍。

3. 工业管道安全泄压装置的通用要求

（1）除特殊情况外，对于运行中可能超压的管道系统均应设置泄压装置。泄压装置可采用安全阀、爆破片装置或者两者组合使用。

（2）不宜使用安全阀的场合可用爆破片。

（3）安全阀应分别按排放气（汽）体或液体进行选用，并考虑背压的影响。安全阀的开启压力（整定压力）除工艺有特殊要求外，为正常最大工作压力的 1.1 倍，最低为 1.05 倍。

（四）阻火器

阻火器主要用在工业管道上。它是一种防止火焰蔓延的安全装置，通常安装在易燃易爆气体管路上。当某一段管道发生事故时，不至于影响另一段的管道和设备。

（五）防静电设施（措施）

可燃介质管道应有静电接地设施，并测量各连接接头间的电阻值和管道系统的对地电阻值。这些电阻值当超过工业管道标准或者设计文件的规定时，应当设置跨接导线（在法兰或螺纹接头间）和接地引线。

对于强氧化性流体（氧或氟）管道，应当在管道预制后、安装前分段或单件进行脱脂。脱脂的范围应当包括所有管道组成件与流体接触的表面。应当采取措施避免管道内部残存的脱脂介质与氧气形成危险的混合物。

（六）城镇燃气管道的几种防护设施

1. 凝水缸

为排除燃气管道中的冷凝水和天然气管道中的轻质油，管道敷设时应有一定坡度，以便在低处设凝水缸，将汇集的水或油排出。凝水缸的间距，视水量和油量多少而定，通常为 500m 左右。

2. 放散管

放散管是一种专门用来排放管道中的空气或燃气的装置。在管道投入运行时利用放散管排空管内的空气，防止在管道内形成爆炸性的混合气体。在管道或设备检修时，可利用放散管排空管道内的燃气。放散管一般也设在闸井中，在管网中安装在阀门的前后，在单向供气管道上则安装在阀门之前。

3. 闸井

为保证管网的安全与操作方便，地下燃气管道上的阀门一般都设置在闸井中。闸井应坚固耐久，有良好的防水性能，并保证检修时有必要的空间。考虑到人员的安全，井筒不宜过深。

（七）阴极保护装置

在埋地敷设的线路工程中，设置阴极保护装置是目前防止管道受地下外部环境影响而产生腐蚀的最重要的防腐蚀措施之一。阴极保护有牺牲阳极法和强制电流法两种保护形式。埋地管道的阴极保护设施应严格按照相应的标准规范进行设计、施工、检验、测试和验收。

（八）泄漏气体安全报警装置（声、光报警）

在易燃易爆场所，通常要安装泄漏气体安全报警装置。输油输气管道的泄漏监测预警装置一般采用固定装置（要在管道上安装传感器）实时监测。输油输气管道的泄漏监测预警可以实现对管道从不漏到发生泄漏的过程的监测，一旦发生泄漏立即报警。根据传感器安装在管道的具体部位，泄漏监测预警技术可分为外监测和内监测两类。泄漏监测需与目前采用的数据采集与监控系统（SCADA）相结合。

（九）工业管道的几项防护措施

（1）在室内安装的各种流体管道上薄弱环节的组成件，如玻璃液面计、视镜等，应有安全防护措施。

（2）在正常运行中必须严格控制开关状态的阀门，必须附加锁定或铅封装置。

（3）密度比环境空气小的可燃气体必须排入火炬系统。可燃液体严禁直接排入下水道。

（4）为控制管系高频低幅振动或低频高幅晃动，可装设减振装置。消除气流脉动常用的减振装置有缓冲器、孔板等。

（5）为控制管道瞬时冲击荷载或管系高速振动位移，可装设阻尼装置。

第三节 压力管道的检测检验

一、全面检验周期的规定

（一）D7003 规范内容分析

根据 TSGD7003-2010《压力管道定期检验规则—长输（油气）管道》（以下简称 D7003）第三条："管道的定期检验通常包括年度检查、全面检验和合于使用评价。"D7003 第三条第（二）款："首次全面检验之后的全面检验周期按照本规则第二十三条确定"；第二十三条："应当结合全面检验和合于使用评价结果，确定下次全面检验日期，其全面检验周期不能大于表 4-1 的规定，并且最长不能超过预测的管道剩余寿命的一半。"

表 4-1 压力管道全面检验的检验周期表

检测方法	操作条件下的应力水平			检验周期（年）
	< 30%SMYS	30% ~ 50%SMYS	>50%SMYS	
内检测	PF>1.7 MAOP	PF>1.4 MAOP	PF>1.25 MAOP	5
	PF>2.2 MAOP	PF>1.7 MAOP	PF>1.39 MAOP	10
	PF>2.8 MAOP	PF>2.0 MAOP	不允许	15
	PF>3.3 MAOP	不允许	不允许	20
直接检测	抽样检测 危险迹象	抽样检测 危险迹象	抽样检测 危险迹象	5
	检测所有 危险迹象	抽样检测 危险迹象	检测所有 危险迹象	10
	检测所有 危险迹象	检测所有 危险迹象	不允许	15
	检测所有 危险迹象	不允许	不允许	20
耐压试验	TP>1.7 MAOP	TP>1.4 MAOP	TP>1.25 MAOP	5
	TP>2.2 MAOP	TP>1.7 MAOP	TP>1.39 MAOP	10
	TP>2.8 MAOP	TP>2.0 MAOP	不允许	15
	TP>3.3 MAOP	不允许	不允许	20
	TP>3.3 MAOP	不允许	不允许	20

注（1）MAOP 指管段最大允许操作压力；SMYS 表示管材规定的最小屈服强度；PF 表示按照相应标准计算的失效压力；TP 表示耐压实验压力。

对于上述内容，在执行过程中遇到两方面的问题，其一是内检测中的"按照相应标准计算的失效压力"，并没有给出具体可选的方法，采用不同的标准得出的失效压力不同，可能会导致检测周期的不同；其二是直接检测中的"抽样检测危险迹象"，"检测所有危险迹象"属于概念性的描述，内容并不具有可操作性；在执行方面，该两条主观性较强。

（二）GB 32167 规范内容分析

GB 32167-2015《油气输送管道完整性管理规范》（以下简称 GB 32167）第 8.1.5 条："内检测时间间隔需要根据风险评价和上次完整性评价结果综合确定。"最大评价时间间隔应符合表 4-2 要求。

表 4-2 内检测时间间隔表

操作条件下的环向应力水平 σ		
>50% SMYS	30% SMYS $\leqslant \sigma$ <50% SMYS	$\leqslant$ 30% SMYS
10 年	15 年	20 年

注：SMYS 为管材规定的最小屈服强度，针对某种管材，指在技术条件中所规定的屈服强度的最小值。

对于内检测时间间隔，在表 4-1 与表 4-2 中不同之处表现在三个方面：

其一是具体的计算参数不同，表 4-1 规定的内检周期是操作条件下的应力水平、失效压力、最小屈服强度与最大允许操作压力共计四个参数之间的综合比较；而表 4-2 规定的内检周期是操作条件下的环向应力水平与最小屈服强度共计两个参数之间的综合比较。

其二是原则性的不同，D7003内容为"应当结合全面检验和合于使用评价结果"来确定下次全面检验日期；而GB 32167内容为"根据风险评价和上次完整性评价结果"来确定内检测周期。

以上两方面的差异，对于以内检测方式进行全面检验的管道与以内检测方式进行的完整性评价时，这两个规范存在差异，导致执行方面存在有争议的情况，主要是强制性规范与强制性条款的问题。D7003属于特种设备安全技术规范，而特种设备安全技术规范是政府部门履行职责的依据之一，是直接指导特种设备安全工作并具有强制性约束力的规范；GB 32167第8.1.5条为规范中的强制性条款，执行方面将面临是综合考虑D7003和GB 32167这两个规范内容还是只考虑其中某一个规范内容的问题。

其三是共性的问题，表4-1与表4-2规定的时间间隔（即检验周期）会存在主观选择性的情况，检验机构可能不会选择对于相对较长的检验周期。例如某条管道采用内检测进行了全面检验，操作条件下的应力水平小于30%SMYS，采用相关标准计算的失效压力大于3.3倍MAOP，那么原则上，按照表4-1结合全面检验和合于使用评价结果"其全面检验周期不能大于15年，并且最长不能超过预测的管道剩余寿命的一半"。如果预测的管道剩余寿命的一半大于15年，那么检验机构在确定检验周期时，可选择1～15之间的任一数值，例如周期为3年或6年或9年，总之只要不超过15年，都符合规范；在我国现行的行政管理体制下，各地政府对安全负总责，因此检验机构不仅要对被检企业负责，还要对政府、对当地安全负责，导致检验机构不会选择相对较长的检验周期；对于企业而言，在保证管道本质安全前提下，检验周期相对较短，检验工作相对频繁，必定增加企业检验费用负担。

二、全面检验、内检测、外检测的差异分析

（一）全面检验日期确定在报告中的体现

D7003第二十三条："应当结合全面检验和合于使用评价结果，确定下次全面检验日期，其全面检验周期不能大于表1的规定，并且最长不能超过预测的管道剩余寿命的一半。"

对于内检测，D7003附件E可知：

（1）D7003附件E没有给出采用内检测进行管道全面检验时的报告格式，而是由检验单位自行制定全面检验的报告格式。

（2）下一次全面检验日期不在管道全面检验结论报告中给出，而是在合于使用评价结论报告中给出。

（二）层次关系

D7003第十六条："检验机构应当根据风险预评估确定的结果，选择合适的全面检验方法，全面检验方法有内检测、直接检测和耐压（压力）试验。检验机构也可选择经过国家质检总局批准的其他检验方法。"

由以上内容分析可知，内检测、直接检测、耐压（压力）试验属于全面检验采用的方法，借助集合的概念来理解这里的层次关系，全面检验是集合概念的性质，该集合的元素为内检测、直接检测、耐压（压力）试验；直接检测亦是具有集合概念的性质，该集合的元素为内腐蚀、应力腐蚀开裂、外腐蚀直接检测。借助逻辑学中的整体与部分的关系来理解全面检验，整体包含部分，但部分不能代表整体；即整体为全面检验，部分为内检测、直接检测、耐压（压力）试验，如果某条管道做了内检测，不能代表该管道做了全面检验；如果该条管道既做了内检测又做了直接检测、耐压（压力）试验，那么就代表了该条管道做了全面检验。

管道企业一般常提到的"外检测"名称，严格的名称应该是"外腐蚀直接检测"，属于直接检测。

（三）全面检验日期与内检测、外检测的逻辑关系

从规范的逻辑上分析可以得出以下论证：

论证（1）：管道企业在进行全面检验时，由于采用外检测的方法进行检验，那么由检验单位出具全面检验报告时，结合全面检验和合于使用评价结果，在合于使用评价结论报告中确定下一次的全面检验日期。在该种情况中，"下一次外检测日期"与"下一次全面检验日期"属于同一个日期。

论证（2）：管道企业在进行全面检验时，由于采用内检测的方法进行检验，那么由检验单位出具全面检验报告，结合全面检验和合于使用评价结果，在合于使用评价结论报告中确定下一次的全面检验日期。在该种情况中，"下一次内检测日期"与"下一次全面检验日期"属于同一个日期。

论证（3）：管道企业在进行全面检验时，同时采用内检测和外检测的方法进行检验；或者是在不同阶段进行的内、外检测，对于该情况，D7003未做出关于确定下一次全面检验日期相关规定。

即管道企业在进行全面检验时，内检测与外检测不是在同一个阶段进行的，例如今年做完外检测，由论证（1）确定了下一次的全面检验日期；在明年做内检测，由论证（2）确定了下一次的全面检验日期。在该种情况中，"下一次内检测日期""下一次外检测日期"与"下一次全面检验日期"就不属于同一个日期。这里的全面检验日期亦具有集合概念的性质，该集合的元素为内检测日期、外检测日期。

如果外检测给出的下一次的全面检验日期小于内检测给出的下一次的全面检验日期，那么企业是否可以不用做外检测，在内检测下一次的检验周期届满时继续进行内检测工作；如果外检测给出的下一次的全面检验日期大于内检测给出的下一次的全面检验日期，那么企业是否可以不用做内检测，在外检测下一次的检验周期届满前继续进行内检测工作。特种设备安全监督管理部门按照《特种设备现场安全监督检查规则》对管道的使用单位进行安全检查时，对于管道是否在定期检验有效期内，如果管道使用单位出具了以内检测方法进行的全面检验相关报告和以外检测方法进行的全面检验相关报告，由于这两个在不同阶段进行检验得出的下一次的全面检验日期不同，在哪个报告的检验日期符合法定检验要求的检验日期问题上存在争议。

（四）管道完整性评价与合于使用评价

1.规范内容

（1）GB 32167 相关条款内容

GB 32167 第 3.11 条对于完整性评价的定义为："采取适用的检测或测试技术，获取管道本体状况信息，结合材料与结构可靠性等分析，对管道的安全状态进行全面评价，从而确定管道适用性的过程。常用的完整性评价方法有：基于管道内检测数据的适用性评价、压力试验和直接评价等。"

2.D7003 相关条款内容

D7003 第三条（二）对于合于使用评价内容为："合于使用评价，在全面检验之后进行。合于使用评价包括对管道进行的应力分析计算；对危害管道结构完整性的缺陷进行的剩余强度评估与超标缺陷安全评定；对危害管道安全的主要潜在危险因素进行的管道剩余寿命预测，以及在一定条件下开展的材料适用性评价。定期检验中的全面检验和合于使用评价，应当采用完整性管理理念中的检验检测评价技术。"

（二）分析讨论

D7003 对于全面检验与合于使用评价，规定了"应当采用完整性管理理念中的检验检测评价技术"。由此可知对于采用内检测方法进行的全面检验，D7003 与 GB 32167 存在必然的联系，D7003 的理念与 GB 32167 中规定的完整性理念是相同的，前者叫合于使用评价，后者叫完整性评价，两者的实质是一致的，管道企业采用内检测方法实施完整性管理可以同时满足全面检验的要求，但行业内在执行方面与规范存在不一致的现象。

对于 D7003 与 GB 32167 执行方面《质检总局国资委能源局关于规范和推进油气输送管道法定检验工作的通知》（国质检特联〔2016〕560 号）文件中的"（二）规范检验工作的实施"对定期检验规定："管道企业在检验合格有效期届满前 1 个月，应向经核准的特种设备检验机构提出定期检验申请。特种设备检验机构接到申请后，应当按照 D7003 及 GB 32167 的要求及时对企业报检的管道进行定期检验。"仅从总体上要求特种设备检验机构按照 D7003 及 GB 32167 的要求进行定期检验，定期检验应综合运用 D7003 及 GB 32167 这两个规范，但未做出具体界限划分。

《质检总局办公厅关于承压特种设备安全监察工作有关问题意见的通知》质检办特函（〔2017〕1336 号）文件要求按照 D7003 进行管道定期检验，并未提到 GB 32167 相关规定。

例如对某条管道按照 GB 32167 要求，采用内检测方法开展了的检测，进行了适用性评价，出具管道完整性评价报告，该报告却不能代替管道的全面检验报告（以内检测方式进行的全面检验并出具相关报告），管道企业仍然不能不做管道的全面检验。目前未见国家有关部门对 D7003 与 GB 32167 相关条款具体的衔接与协调做出规定，导致管道企业一方面按照 D7003 规定进行法定检验，另一方面按照 GB 32167 规定进行法定的内检测检验，在保证管道本质安全前提下，同样是对管道"体检"却存在不协调的标准。

第五章 压力容器安全评定

第一节 压力容器安全评定的相关基础概述

一、质量安全监督管理基本概念

（一）质量监督的基本概念

1. 质量监督

质量监督是质量管理领域面向实体质量活动的一种监督。质量监督是指为了确保满足规定的要求，对实体状况进行连续的监视和验证并对记录进行分析。

质量监督的目的是防止实体状态随时间、环境的推移或变化而偏离规定的要求。

2. 质量监督的要素

质量监督的要素主要有以下几方面：

第一，质量监督的主体，即从事质量监督活动的法人或自然人、质量监督组织或监督者。它回答了由谁来进行质量监督的问题。

第二，质量监督的客体，即形成实体全过程中的人和事、质量监督的对象或被监督者。它回答了对谁进行监督的问题。

第三，质量监督的内容，即对实体形成过程中所有可能影响到规定要求的因素进行监督。它回答了针对哪些因素进行监督的问题。

第四，质量监督的依据，即质量监督工作有关的法规、文件和标准。它回答了质量监督工作以什么为准绳的问题。

第五，质量监督的方式方法。它说明如何进行质量监督。质量监督的方式或方法因质量监督的主体、客体的不同而存在差异。比较通用的方式方法有预先（事前）监督、过程（事中）监督、结果（事后）监督等。

任何质量监督都必须具备这五个要素，缺少任何要素的质量监督都是不完整的，或者质量监督无法进行，或者是无效的质量监督。同一主体可以对不同客体进行质量监督，同一客体可以接受不同主体的质量监督。质量监督的内容、依据、方式可以是单一的，也可以是多种多样的。

3. 质量监督的类型

（1）内部监督

内部监督是指由组织内部的质量保证人员实施的质量监督。内部监督的任务是随内部质量活动的不同而变化的。其具体任务就是对组织内部质量活动中操作者是否按章操作，以及技术质量文件是否有效贯彻，过程质量是否符合规定要求等方面进行监督。

（2）用户监督

用户监督又称二方监督。是指合同环境下由用户或用户派员直接对承制方提供产品的过程进行的质量监督。

（3）第三方监督

第三方监督是指由国家法定或国际公认的质量监督机构直接或受托进行的质量监督。第三方监督是独立于供方和用户监督的一种外部监督。在组织形式上，由质量监督机构负责，对管辖或委托的对象进行质量监督，工作的重点是质量监督法规、标准的建设。

在我国，第三方质量监督的最高管理机构是国务院授权成立的国家质量技术监督检验检疫总局，其负责全国的质量监督管理工作。国务院有关部委也相应地组建了分支机构负责各自范围内的质量监督工作。如：中国质量监督检疫总局负责质量监督管理工作，各省市设立的技术监督局等。

在国际上，ISO 标准化组织及各种行业化的国际监督、认证组织或机构等都是第三方质量监督机构。

（4）社会监督

社会监督是指自发的群众性的监督活动，是对与人们日常生活相关的实体和环境质量的监督。一般采用向供方进行查询；向社会做出如实的评价或宣传；向国家法定或国际公认的质量监督机构申诉等监督形式进行质量监督，以保护自身的合法权益。社会监督一般无确定的组织形式。在实际中，消费者协会、各社会性投诉站等都是社会监督的表现形式。

4.质量监督的性质

（1）质量监督的两重性

质量监督具有两重性，即质量监督的自然属性和社会属性。

质量监督作为一种社会活动，是建立在一定的生产方式和生产关系基础上的。因此，具有两重性。一方面，具有同生产力、生产技术、社会化大生产相联系的自然属性；另一方面，具有同生产关系、社会制度相联系的社会属性。

质量监督的自然属性是指质量监督管理要处理人与自然的关系，要协调生产力各要素间的关系。这种自然属性反映了社会协作过程本身的要求，是为了适应社会生产力发展和社会分工发展的要求而产生的，它是由生产力发展水平及人类活动的社会化程度决定的。因此，它与具体的生产方式和特定的社会制度无关。从商品出现以后，人类的协作活动就开始需要质量监督管理，而且协作活动的规模越大，质量监督管理就越重要。

质量监督的社会属性是指质量监督管理要处理人与人之间的关系，它与生产关系、社会制度相联系，受一定生产关系、政治制度和意识形态的影响与制约。社会制度不同、社会关系的变化，使质量监督管理的目的、监督方式和手段也随之变化。因此，社会主义制度下的质量监督不同于西方发达国家的质量监督管理。质量监督要适应一定生产关系的要求，执行着维护和巩固生产关系、实现保证特定实体、满足规定需要的职能。

（2）质量监督的科学性

质量监督是一个由概念、原理、原则和方法构成的科学体系，是有规律可循的，具有科学的特点。即：①实践性，产生于实践又去指导实践；②客观性，从实际出发研究质量监督活动，揭示其客观规律；③真实性，质量监督的原理、原则经过了时间反复的检验；④系统性，质量监督理论已形成合乎逻辑的系统；⑤发展性，质量监督理论需要在发展中充实、完善。

（3）质量监督的艺术性

质量监督工作具有较大的技巧性、创造性和灵活性。有效的质量监督必须结合具体质量监督活动，熟练地运用质量监督知识和工作技能，大胆探索，这样才能达到预期的效果。

（4）质量监督的其他特性

质量监督的其他特性伴随质量监督的类型而存在，不同的监督方式具有下述不同的特点。

①内部监督具有：

自觉性，内部监督是组织的自觉行为，是提高效益、发展市场的必要手段之一；

全面性，质量监督工作是一项复杂的系统工程，虽然工作有轻重之分，但不能顾此失彼，各种因素都要合理地对待，使得监督工作全面而有效。

②第二方监督具有：

主动性，即用户为了获取需要的产品，往往会主动地对承制方有关的质量活动进行监督；

针对性，即用户在对承制方有关质量活动的监督中，会针对自身关心的项目或环节重点地监督和控制。

③第三方监督具有：

公正性，由于第三方机构与供方、用户间不构成经济利害关系，第三方机构是国家法定或国际公认的专门机构，因此，其监督比较公正和客观；

权威性，由于第三方机构是国家法定或国际公认的权威机构，因而在质量监督活动中具有较强的权威性。

④社会监督具有：

自发性，社会监督是用户或消费者维护自身权益的本能反应，因而是自发的；

导向性，社会监督中社会舆论监督对用户或消费者具有明显导向作用；

广泛性，社会监督的主体是广大的用户或消费者，因而其监督具有广泛性；

局限性，一是局限于有问题的实体上，二是局限于对实体概要或肤浅了解上，故社会监督具有一定的局限性。

5.质量监督的最高境界

质量监督的最高境界是人类发展到一定历史阶段后才能出现的一种结果，其最高境界就是生产者自我监督，它不同于质量监督初期的自我监督，而是随着科技发展和人类认识达到很高的程度后，人类将质量作为一种自然的需求。这也是人类所期盼的一种理想状态，到这个时候社会上的产品虽然各异，但都能满足一定的质量要求。

（二）开展质量监督的目的与作用

第一，质量监督是向损害国家和人民权益行为进行斗争的一种手段。社会主义生产目的是为了满足人民不断增长的物质和文化生活的需要，向人民提供各种物美价廉、安全可靠的优质产品。但是，在市场经济环境中往往有些企业和个人违背社会主义生产目的，忽视质量，粗制滥造，以次充好，甚至弄虚作假欺骗用户，非法谋取利益，损害消费者和国家的利益。加强质量监督就是要发现和纠正偏离社会主义生产目的偏向和经济领域的不正之风，以维护社会主义商品经济的正常秩序。

第二，质量监督是保证实现国民经济计划质量目标的重要措施。产品质量和经济效益，在我国国民经济和社会发展长远规划和年度计划中，占有很重要的地位。国民经济的许多产业部门都把采用先进的高新技术、提高产品质量、开发新品种作为发展重点。为了实现上述目标，很重要的一条措施就是加强质量监督，以促进其实现。

第三，质量监督是促进企业提高质量意识、健全质量体系的重要手段。实行质量监督，是对企业的产品质量和质量工作的考核和检验，发现问题，要依据有关的法规进行处理，奖优罚劣。以促进和帮助企业健全质量体系，加强生产检验工作，不断提高产品质量。

第四，质量监督是发展对外贸易、提高我国产品竞争能力、保障我国经济权益的重要措施。随着我国改革开放指导方针的贯彻执行，我国进出口贸易将大大发展，我国的产品将越来越多地参与国际市场的竞争。竞争的关键在于质量，只有高质量的产品才具有竞争能力，才能扩大出口。质量监督是保证产品质量、提高竞争能力、限制低劣商品进口和保障我国经济权益的重要措施。

第五，质量监督是维护消费者利益、保障人民权益的需要。实施质量监督活动能有效地保护消费者的合法权益，同时，作为消费者也应使用质量监督的有关法律向承制单位进行查询，向社会做出如实的评价或宣传，向国家法定或国际公认的质量监督机构申诉等形式进行质量监督，以保护自身的合法权益。承制单位必须对消费者购买的产品质量负责。消费者发现购买的产品存在质量问题，有权要求供方对所提供的产品负责修理、更换、退货或赔偿等。这也是质量监督法规赋予双方的基本权利和义务。

各级政府的质量监督管理部门，一般都设有专人、备有专用电话和投诉信箱，接待和处理消费中出现的产品质量问题。

二、质量安全监督与产品标准

（一）行政监督与技术监督

1. 行政监督与技术监督的概念

行政监督也称行政监管，又称安全监察，是运用行政的手段对特种设备的设计、制造、销售、使用等全寿命、全过程的质量监督。

行政监督的主体是政府的行政执法部门、职能部门及行政监督人员，或称安全监察部门和安全监察人员。行政监督主要有以下任务。

第一，对特种设备设计、制造（含安装）、改造、修理资质的审批；

第二，对特种设备生产许可的审批与管理；

第三，对特种设备作业人员的考核监督与资质管理；

第四，对特种设备使用过程的监督管理；

第五，负责特种设备的事故调查和处理意见；

第六，处理特种设备全寿命过程中出现的其他事项。

技术监督也称监督检验，是运用技术手段对特种设备的设计、制造、销售、使用等全寿命过程质量的监督。技术监督包括专业技术和管理技术。

技术监督的主体是检验机构和（或）检验人员。技术监督主要有以下任务。

①根据行政监督部门下达的任务及检验范围，完成特种设备的检验，并做出检验结论；

②对生产单位质量体系的建立及运行情况进行审查，提出是否具备生产、维护保养资质的意见和建议。

③根据行政监督部门下达（或备案）的任务计划，对在用的特种设备进行检验，提出能否继续使用的结论。

④通过对在用特种设备的检验，对维护保养单位的质量体系运行以及实物质量安全状况的意见和建议。

⑤对特种设备出现的一般质量问题进行处理，参与并协助行政监督部

门对重大质量问题的处理；并从技术上参与查找出现质量问题的原因，根据查明的原因督促施工单位进行整改落实，对整改效果进行监督，并提出意见和建议。

⑥参与特种设备事故的处理，从技术上分析事故发生的原因。

2. 行政监督与技术监督

质量监督主体职能和作用的发挥，在赋予职责的同时，必须赋予相应的权利，做到职责和权利的统一。否则，质量监督工作只能是空谈，达不到特种设备质量保持和提升的目的。

技术监督是质量监督的基础和重要组成部分，是行政监督的技术支撑，为行政监督提供技术服务。

行政监督是质量监督的手段，是技术监督发挥工作效能的后盾，行政监督必须以技术监督为基础，并为技术监督提供行政服务和行政保障。

行政监督和技术监督不能割裂，两者是相互依赖，相互依存的，缺一不可。否则，质量监督工作的效能和目的就达不到。行政监督必须以技术监督为基础和依据，否则，行政监督就成为无本之木，无源之水；技术监督必须有行政监督的支持，否则，技术监督工作就难以实施，其监督效能就难以发挥。

总之，只有行政监督和技术监督有机地融为一体，才能实现真正意义上的质量监督，才能起到质量监督的真正作用，达到质量监督的真正目的。

3. 行政监督与技术监督的信息传递

（1）新申请资质的信息传递与处理

当行政监察机构接到资质申请后，行政监督机构将申请材料转到技术监督机构，由技术监督机构根据资质核准的要求和规定进行初审。将初审的结果和意见反馈给行政监督机构，行政监督机构根据技术监督机构的意见和建议，组织专家进行审核。根据审核的结论决定是否批准其资质。若技术监督机构提出整改的要求，待申请单位整改完成后，行政监督机构再组织专家进行审核。

（2）日常监督的信息传递与处理

特种设备生产单位质量体系的有效运转程度，决定着特种设备质量的一致性和稳定性。对资质单位质量体系的监督是一项经常性的工作。技术监督机构一方面要完成特种设备的技术监督；另一方面是对生产单位的质量体系运行情况实施监督。

当技术监督机构发现生产单位的质量体系运转不正常时，应立即报行政监督机构进行处理。行政监督机构根据技术监督机构提出的意见，要求被监督单位进行整改。

当被监督的单位针对技术监督机构提出的问题，"举一反三"采取有效措施整改完成后，技术监督机构应进行核查，确认整改达到要求后，就可继续进行其资质范围内的工作。

（二）质量监督与产品标准的关系

1.产品标准是产品质量监督的技术依据

产品质量是指产品实际特性对使用要求的满足程度，它是指产品满足规定要求或需要特性的总和。产品标准则是为了保证产品的适应性，对产品必须达到全部技术要求制定的统一规定。当然这个统一规定是以科学、技术和实践经验的综合成果为基础，经有关方面协商一致、有关部门批准，以特定的形式发布的。

由此可见，产品质量实际上是由产品标准和对标准的执行情况所决定的。事实上，产品质量监督归根到底就是评价和分析产品是否符合产品标准的规定。在质量监督过程中，从抽样、检验、评价、分析到处理，都离不开标准，都必须以产品标准作为技术依据去开展工作。产品合格与否的判断是按照产品标准中技术内容来进行的，达到标准规定要求的为合格，否则为不合格。质量监督过程中对不合格品的处理也是这样，在《中华人民共和国产品质量法》《中华人民共和国标准化法》《工业产品质量责任条例》《中华人民共和国特种设备安全法》《特种设备安全监察条例》中对不合格品的生产厂家和经销部门，都规定了停止生产和销售、罚款、行政处理以及其他方式，但这些处理方式的使用是根据产品实际质量偏离产品标准的严重程度来决定的。所以，在质量监督的全过程中，标准一直是监督工作的技术依据，离开标准就谈不上对产品质量实施监督。

2.实施产品质量监督是增强全社会标准意识的有力措施

产品质量监督以标准为依据，但产品质量监督的实施，对增强全社会的标准意识、消灭无标生产的现象起着强有力的促进作用，质量监督的过程也是一个标准化的知识普及过程。

近年来，整个社会对标准的认识不断提高，但仍然看到一些企业连产品执行何种标准都不清楚；有些企业执行的标准早已过期作废；还有一部分企业既无国家标准、行业标准，又未制定企业标准，生产处于无标状态。随着产品质量监督工作的深入，企业在标准方面的问题就会暴露出来，按作废标准生产的产品在产品质量监督中被判为不合格。无标生产的产品都会被停止生产和销售，这无疑给这些企业敲响了警钟，使他们认识到企业必须按有效的标准去组织生产，否则就是不合法的。从而促使他们关心标准、学习标准、贯彻标准以及及时制定企业内部标准。

3.产品质量监督有利于提高企业的标准水平

第一，一些企业有一种害怕心理，害怕产品标准制定严了会造成产品不合格，因而在标准中，不恰当地放大技术指标的余量，而产品的实际性能却远远高于标准要求。由于产品标准反映的是企业生产产品普遍能达到的质量水平，因而很可能使人们将质量优良的产品看成是低档次的产品，从而使企业的经济效益受到影响。

第二，有一些企业不根据市场要求和企业实际的生产技术水平，不切实际地提高标准的指标要求和延长保质期，人为地增加了企业在生产经营过程中的风险率，降低了产品的合格率，因而给用户造成了损害。

这些问题，都有可能在监督过程中暴露出来，并通过一定的渠道反馈到用户。对此，企业认真地思索，对自己制定的标准按照科学性、先进性、实用性的原则去分析、研究、修改，在不违背国家强制性标准和满足用户需要的前提下，根据企业实际的生产水平，既不任意降低技术指标，又不随意地提高要求，这样的标准就可以作为企业组织生产的标准和为产品质量监督提供科学合理的依据。

（三）安全技术规范与产品标准

1.产品标准

对产品结构、规格、质量和检验方法所做的技术规定，称为产品标准。产品标准按其适用范围，分别由国家、部门和企业制定；它是一定时期和一定范围内具有约束力的产品技术准则，是产品生产、质量检验、选购验收、使用维护和洽谈贸易的技术依据。

我国现行的标准分为国家标准、行业标准、地方标准和企业标准。凡有强制性国家标准、行业标准的，必须符合该标准；没有强制性国家标准、行业标准的，允许适用其他标准，但必须符合保障人体健康及人身、财产安全的要求。同时，国家鼓励企业赶超国际先进水平。对不符合强制性国家标准、行业标准的产品，以及不符合保障人体健康和人身、财产安全标准和要求的产品，禁止生产和销售。

对于特种设备，产品标准还进行分层，如基础规范、总规范、分规范、空白详细规范和详细规范。

第一，总规范（通用规范）适用于一个产品门类的标准。通常包括该类产品的术语，符号，分类与命名，要求，试验方法和质量评定的程序、标志、包装、运输、储存等内容。

第二，分规范根据需要，在一个产品门类共用的标准（即总规范）下加进适合于某一个分门类产品（或称某一类型）的标准。对于一个特定的分门类产品，当有较多特有内容需要统一规定时，可制定分规范。

第三，空白详细规范不是独立的规范层次，它是用来指导编写详细规范的一种格式。在空白详细规范中填入具体产品的特定要求时，即成为详细规范。

第四，详细规范完整地规定某一种产品或一个系列产品的标准。它可以通过引用其他规范（或标准）来达到其完整性。

2.产品标准和企业标准的区别

产品标准就是针对产品而制定的技术规范，在我国针对产品制定的技术规范有国家标准、行业标准、地方标准和企业标准四种。

企业标准指企业是对企业范围内需要协调、统一的技术要求，管理要求和工作要求所制定的标准，它是企业组织生产、经营活动的依据。企业标准一般分为产品标准、方法标准、管理标准和工作标准。

产品标准和企业标准是相互联系、相互包含的关系，即产品标准中有企业标准，企业标准中有产品标准。但是，产品标准和企业标准的根本区别是从不同角度来定义的，即产品标准是从制定标准的客体（对象）—产品而定义的，企业标准是从制定标准的主体—企业而定义的。

在我们日常生活中，所常见的企业标准大多是产品标准，实际上准确的说法应该是企业产品标准，也就是企业对所生产的产品而制定技术规范。

3. 安全技术规范

安全技术规范是指国家为了防止劳动者在生产和工作过程中发生伤亡事故，保障劳动者的安全和防止生产设备遭到破坏而制定的各种法律规范。

4. 安全技术规范与产品标准

在特种设备中安全技术规范具有强制性，主要是保证产品的安全性。产品标准是特种设备必须达到的一般要求。

安全技术规范来源于产品标准又不同于产品标准，其技术要求随着产品标准的更新而更新。

第二节 压力容器缺陷的安全评定方法

一、对质量体系的监督

（一）质量体系概述

1. 质量体系的概念

（1）组织结构

组织结构是指"组织为行使起职能而按某种格局安排的职责、权限以及相互关系"。组织结构既是质量管理体系要素的组成部分，又是体系中各要素之间相互作用、相互联系的组织手段。

①设置与本单位质量管理体系相适应的组织机构并规定其职责；

②明确各机构的隶属关系以及各机构之间的横向联系；

③对接口和联系方法做出规定，形成企业各级质量管理网络。

（2）职责

质量职责应包含以下三层含义。

①机构、岗位或个人在质量活动中应承担的任务；

②为完成所承担的任务，应赋予的权限；

③造成质量过失时应承担的责任。

（3）程序

指"为完成某项活动所规定的方法"。程序应规定某项活动的目标和范围，应该做什么，由谁来做，什么时间做，在什么地点做，如何做，以及采用什么材料、设备，依据什么文件，如何进行控制和记录等。程序应形成文件。

（4）过程

过程是指"一组将输入转化为输出的相互关联或相互作用的活动"。每一个过程都有输入和输出，输入是过程的目标，输出是过程的结果，包括有形的或无形的产品。过程本身应是增加价值的转换。

（5）资源

一个组织的领导应保证质量体系运行所必需的资源，这些资源包括人才资源和高水平的专业技能，生产所必需的设备，品种齐全的检验和试验设备，状态完好的生产设备，仪器仪表和计算机软件，工作环境，信息，财务，自然资源等。

2. 质量体系的分类

（1）质量管理体系

质量管理体系是指在质量方面指挥和控制组织的管理体系。

在质量管理体系定义中的体系、管理体系和质量管理体系处在三个不同层次上，它们之间互有联系。管理体系是指建立方针和目标并实现这些目标的体系。而体系指的是"相互关联或相互作用的一组要素"。质量管理体系的建立首先应针对管理体系的内容建立相应的方针和目标，然后为实现该方针和目标设计一组相互关联或相互作用的要素。一个组织的管理体系有若干个。例如质量管理体系、财务管理体系或环境管理体系等。

（2）质量保证体系

企业为了保证提供顾客需要的产品，保证使顾客所关注供方质量体系中要素处于受控状态，向顾客提供信任而建立的质量体系叫质量保证体系。

（3）两种体系的联系与区别

质量管理体系是为了提高企业内部质量管理水平而建立的，它是质量保证体系的基础和保障。质量保证体系是为了向顾客提供信任，而从已建立的质量管理体系中抽出若干用户关注的要素，组成特定的质量保证模式。因此，一般情况下，只有首先建立了质量管理体系，才能建立质量保证体系，质量保证体系应含于质量管理体系之中。所有组织都会从二者结合的总体利益中获得好处，这两项活动有不同的范围、目的和结果。二者的同时存在为管理执行、验证提供了联合的方法从而取得满意的结果，二者的互补性使所有的质量管理职能有效运行且取得内、外部的信任。

3.质量体系的特点

（1）强调系统性

一个组织体系文件的建立是一项涉及组织内在所有机构、所有人员和产品寿命周期全过程的系统工程。因此，对产品质量产生、形成和实现的全过程，以及各个过程的质量活动应进行系统分析，全面控制，做到系统优化。

（2）体现文件性

建立一个文件化质量体系是指企业建立的质量体系规范化、科学化、标准化和系统化，并能够使全体员工理解、持之以恒地贯彻执行。质量体系应表现为一整套包括企业各项质量活动及其控制要求的质量管理体系文件，包括质量手册、程序文件、作业文件、质量记录和质量计划等。质量体系文件由多层次和多种文件构成。因此，它具有系统性、整体性、法规性和见证性。

（3）突出预防性

每一项质量活动都要制订好计划，规定好程序，使质量活动始终处于受控状态，以求把质量缺陷减少到最低程度，甚至把它们消灭在过程之中。

（4）符合经济性

质量体系的建立与运行，既要满足顾客的需求又要解决好企业与顾客双方的风险、费用和利益关系，使质量体系运行效果最优化。

（5）保持适宜性

在建立质量体系时，应充分考虑组织的不同需要、组织的质量方针和目标，应充分反映企业的实际情况，使质量体系保持适宜性。

（6）运行有效性

为了使所建立的质量体系达到预期要求，应使其保持有效运行。质量管理体系运行有效性主要从以下几方面来衡量：

①所有要素和过程是否处于受控状态。

②顾客对提供的产品和服务满意度是否在不断地提高。

③产品质量是否稳定提高。

④质量问题报警系统是否有效，反馈是否敏捷。

⑤质量体系自我完善、自我约束机制是否健全。

4.建立质量体系的作用

（1）有利于提高质量管理水平

在建立质量体系时，要对企业的质量管理状况进行全面审查，理顺业务流程。通过制定质量手册、程序文件、质量计划和质量记录等一整套质量体系文件，使企业各项质量管理活动有序地开展，使全体员工有章可循，有法可依，减少质量管理的盲目性。此外，在质量管理体系运行过程中，要定期进行质量审核和管理评审，及时发现存在的问题，有利于促进管理水平的不断提高。

（2）有利于提高产品的市场竞争力

产品的市场竞争能力在很大程度上取决于产品质量，而产品质量的提高不仅仅取决于企业的技术水平，更主要的是取决于企业的质量管理水平。建立质量管理体系的目的也主要在于提高企业的质量管理水平和质量保证能力。顾客在选购产品时，不仅关心产品本身的质量水平，更关心生产企业的质量保证能力。因此，质量管理体系的建立、健全和正常运转，可以大大提高产品的市场竞争力。

（3）有利于消费者和社会

健全质量管理体系为生产高质量的产品提供了保证，使得消费者可以放心使用，也可以减少质量缺陷带来的各种损失。当整个社会的产品都达到较高的质量水平时，质量问题给企业和社会带来的损失和灾难也可以大大减少，不仅产生巨大的经济效益，还可以提高自然资源利用率，促进社会和谐。

（4）有利于与国际规范接轨

在建立和运行质量管理体系时，主要依据GB/T 9000族系列标准，因为GB/T 9000族系列标准是我国等同采用ISO 9000族系列标准，该标准已在世界范围内被普遍认同和采用，随着"多边承认协议"活动，按该标准建立质量管理体系，对企业产品走向国际市场具有很大的战略意义。

（二）质量体系的监督

1.对质量体系完整性的监督

（1）质量保证组织

质量保证组织体系的架构，只有设置合理才能保证各项职责在组织上落实，质量保证组织对产品质量及其有关的工作质量应有控制目标、实施计划、考评办法和纠正偏差的规定。

（2）质量保证资源

资源是质量体系正常运转的基本条件，主要包括人才资源和专业技能，研制、制造、检验和试验的仪器设备及计算机软件。也就是说，质量体系建立和健全的基础在于人和物。因此，加强对质量体系资源条件监督，是制造监督检验中对体系监督的重要内容。

2. 对质量体系运行有效性的监督

（1）适应性

指质保体系中的组织，制度，人员是否能够保证企业生产正常、质量稳定、供货及时、价格合理的能力。

（2）灵敏性

指质量信息传递（反馈）和处理的效率。

（3）系统性

指质量体系中各系统之间协调的状况。

（4）自控性

指质量体系通过自行控制、自行调节，从而使生产过程质量稳定的能力。

（5）稳定性

指对影响产品质量的主要因素被控制，从而保证产品质量稳定发展的能力。

（三）对质量体系文件的监督

1. 对《质量手册》的监督

（1）指令性

①质量手册所列文件必须是与产品质量有关。

②整体质量的颁发，应经生产单位的最高管理者批准；质量手册所列的质量控制文件，应经主管质量的领导批准签发。有关质量组织机构、质量方针等重要的质量控制文件，应由最高管理者批准发布，以体现"文件"的权威性。

（2）系统性

系统性是指质量手册应包括全部质量体系要素。既包括对形成和影响产品的全过程实行有效控制的内容，又包括与产品质量直接有关的各职能部门和各级人员的质量职责及工作程序，以构成完整的质量保证体系。

（3）可检查性

可检查性是指质量手册中的各项规定要有明确的要求，便于监督检查和考核。即各项规定不仅具有明确的定性、定量要求，而且要有职责分工以及完成日期要求，也就是执行的情况是可以检查和考核的。如有关质量控制的规定至少包括适用范围、目标要求、工作程序、控制方法及责任者等内容，使之执行有依据，检查有标准。

质量手册应包括全部体系要素，主要有以下内容。

①质量保证文件和标准。主要是质量方针、政策和目标，质量手册的编制和管理，产品质量保证大纲的编制，质量工作计划的管理，标准的贯彻。

②质量保证组织及其职责。主要有质量系统各职能机构（包括组织机构图）；各部门、各级人员质量责任制；质量监督和质量审核。

③研制过程的质量控制。预先研究课题的质量控制；产品研发质量控制；产品功能特性分类；设计评审；可靠性和维修性管理；试制过程的质量控制；试验工作的质量控制；设计、生产鉴定阶段的质量控制；研发过程中的原始记录及归档管理。

④生产过程的质量控制。主要有图样及技术文件管理的质量控制、批次管理和生产的控制、生产条件的控制、关键工序的质量控制、特种工艺的质量控制、无损检测控制、检验和质量记录、人员培训和资格认证。

⑤计量和测试的控制。主要有计量管理、测试质量管理。

⑥不合格品管理。主要有不合格品处理办法和纠正措施。

⑦外购器材的质量控制。主要有器材采购、验收、保管、发放的质量控制；外协件的质量控制；对分包方质量保证能力的考查。

⑧交付使用和技术服务。主要有产品交付、包装、储存和运输的质量控制；技术服务。

⑨质量信息管理。

⑩群众性质量管理活动。主要是质量培训教育，质量管理小组活动。

对质量手册审查的时机主要有以下几方面：

①生产单位首次制定手册时。

②产品类别发生较大变化，原有内容不能满足要求时。

③进行质量体系检查时。

④质量体系文件更改、修订、换版时。

⑤产品发生重大质量问题时。

⑥产品鉴定或转厂生产时。

⑦按一定周期进行审查时。

对质量手册审核的内容包括以下几方面。

①手册是否体现了标准、规范的基本要求。

②手册是否有质量性、可检查性。

③手册内容是否涵盖 TSG Z0004《特种设备制造安装改造维修质量管理体系基本要素》的要求。

④定期评价手册的执行情况和手册的适用性，看其是否在实际中得到了有效地贯彻，以证实手册的有效性。

⑤检查有关部门和人员是否能够熟练运用手册。

⑥对手册的管理工作进行监督，保证手册的定制、审核、会签、批准、发布和更改按规定进行。

在对质量手册的监督中，特别要注意审查那些主要的制度和程序。如质量责任制，质量控制，关键工序和特种工艺的质量控制，不合格品的管理，原材料的代用以及图样和技术文件管理等。

2. 对质量记录的监督

质量记录与有关结果是质量保证体系的重要组成部分。质量保证体系中应保存足够的记录，用于证明产品达到了所有的质量要求以及质量体系在有效运行。

在产品的生产过程中，应不定期地检查企业的各种相关记录。如检验报告、实验数据、审核报告、原材料代用报告及质量报告等。主要对记录的准确性、完整性和系统性认真审查，发现问题及时纠偏。

质量记录的格式必须是质量体系文件中规定的格式。对体系文件中记录的规定质量格式，日常的使用中不能随意地更改。对于国家标准或国家其他形式强制规定的质量记录格式，应将这些记录的格式转化为企业自己的格式，并在体系文件中有所体现。不能因为标准、规定有就可以直接采用，而没有转化为企业本身的质量记录格式。

二、设计阶段的质量监督

（一）设计阶段质量监督概述

1. 质量计划与研制程序

设计阶段的质量计划是对《质量手册》《程序文件》等常规性、通用性文件的补充，属于非常规的专用文件。

研制程序一般包括方案阶段、工程研制阶段（样机试制）等环节。

特种设备因其特殊性，其结构形式和控制各异。因此，特种设备的研制和生产基本属于单件的设计和生产，无批量可言。因而，其质量监督和检验验证工作就显得十分的重要和必要。

2. 试验

设计阶段的各项试验区为了解决技术难点，验证设计的正确性所进行的一系列试验，充分的试验能对设计质量和进度起到促进作用。

设计阶段的试验有攻关试验和型式试验。

质量监督者在试验过程中，严格按照规定的要求进行试验。试验结束后，质量监督者应积极督促施工单位解决试验中出现的问题，并对其有效性加以验证。

3. 设计阶段的型式试验工作

设计阶段的型式试验工作是指验证设计是否符合规定要求以及产品能否进入市场的整个管理过程所有工作的综合。

新产品的型式试验工作和程序要求有以下几点：

①型式试验申请。

②型式试验的受理。

③型式试验，含试验大纲的评审与审批。

④型式试验评审。

⑤产品设计文件的归档。

⑥审批。

（二）设计阶段质量监督内容

1. 图样和技术文件的一致性

（1）原材料（元器件）代用的监督

一般情况下，型式试验样机尽量避免进行原材料（元器件）的代用。

若确需代用，绝不允许"以高代低"。"以高代低"即用性能高的原材料（元器件）代用性能低的原材料（元器件）。

（2）图实一致性监督

图实一致性就是试验样机的实物与设计的图样和技术文件相一致。

这方面的工作，一般由制造监督检验机构进行，并出具书面的报告。对于没有设立制造监督检验的产品，型式试验机构应对其一致性进行核对。

2. 试验大纲及试验结果的监督

①监督检验机构主要工作是型式试验样机的技术状态，型式试验样机的图实一致性，型式试验的检验情况报告，能否通过型式试验的意见和建议等。

②型式试验机构主要工作是编制试验大纲，按照批准的大纲完成试验工作，并对试验结果下结论，做出能否通过的意见和建议。

③有关专家主要工作是根据政府相关部门的组织与分工履行自己的职责，做出产品是否可以入市的意见和建议。

④行政监督部门的工作有召集试验大纲的讨论及修改意见，批准试验大纲，召集设计阶段的型式试验审查会议，根据各方的意见和建议决定是否批准入市，办理入市许可。

设计单位根据批复，将图样和技术文件按照规定的要求交档案管理部门及相关单位保存。

三、制造过程质量监督

（一）制造过程质量监督概述

1. 工序控制

制造单位应对整个生产过程的质量控制做出系统安排，对直接影响产品质量的生产工序进行有计划的重点控制，设置必要的检验点，确保这些工序处于受控状态。

在质量监督中着重检查以下内容：

①制造单位是否有计划地安排生产过程，以保证直接影响产品质量的各个工序处于受控状态。

②工艺文件、质量控制文件的正确性，现行有效性和执行过程中的符合性是否得到控制。

③人员、材料、设备、工装、计量器具、环境是否控制。

④特种工艺、关键工序是否明确了重点控制内容，是否实行连续监控；是否有作业指导书；其操作人员是否持证上岗等。

2. 技术状态管理

技术状态是指产品所达到规定的功能特性和物理特性。为了实现确定的技术状态，首先需要以技术文件予以规定，其次控制技术状态更改、记录和报告更改的处理过程和执行情况，以达到"文文一致，文实相符"，这就是技术状态管理。

对技术状态的管理实施监督重点有以下内容。

①企业是否制定完善的技术状态管理制度。

②成套技术资料管理有效性，图实一致，图文一致，现行有效性。

③对工程技术更改是否经过论证并履行审批程序。

④对工程更改后的效果是否进行验证。

⑤对超差代用和材料代用申请进行审查，验证其处理的正确性。

⑥技术状态记录工作是否落实，执行程序是否严密等。

3. 不合格品的管理

制造过程中不可避免地会产生某些不合格品，必须及时发现并防止不合格品继续加工、安装和出厂。

对不合格品实施监督主要有以下内容：

①不合格品管理制度是否健全。

②不合格品控制系统能否保证不符合图纸要求的产品在处理前不被流转、使用或安装。

③控制不合格品的标识、记录、隔离和处置的有效性。

④不合格品及其评审活动的记录是否包括对缺陷的详细描述、处理和纠正措施。

⑤不合格品评审人员资格是否经最高管理者授权。

⑥防止重复发生的措施是否有效，有无重复发生现象。

⑦纠正措施的实施效果是否得到验证。

4. 检验、测量和试验设备的控制

对产品生产安装过程中所使用的检验、测量和试验设备，企业必须进行必要的控制、校验和维修，以保证检测、试验结果的正确性。

对检验、检测和试验设备进行监督有以下重点。

①计量管理系统中是否包括所有用于检验、试验设备和计量器具。

②校准程序及其执行的有效性。

③现有设备是否满足产品检验、试验所要求的功能。

④计量管理系统能否预防、发现和纠正其失准。

⑤标准计量器具是否管理有效。

⑥现场使用的检验、测量和试验设备的状态标识及周期检验率、周检验合格率等。

（二）外购器材的质量监督

1. 督促生产单位做好对供应单位的质量控制工作

①建立并贯彻执行对供应单位的质量体系进行评价、确认及质量监督制度。

②订货时，按不同类别向供应商提出相应的质量保证要求，并明确列入合同条款。

③对供应商质量监督，掌握外购器材的质量动态。

④对关键、特殊的外购器材，可向供应单位派驻人员进行验收，并有效地履行职责。当发现供货不合格时，应督促供方对未通过的产品采取纠正措施的要求，并从根本上消除其产生的原因。

2. 对外购器材进行监督

生产单位应制定和执行选用器材质量控制程序和质量责任制度，对重点环节进行严格控制。监督检验人员要对程序的有效性进行验证，证明这种程序能得到有效贯彻。其标志为外购新器材在订货签约时详细列出了技术要求，质量标准，并明确了双方的责任；选用新研制的器材时经过了充分论证、复验、试加工、匹配试验、装机使用，并得出产品合格的结论及严格履行了审批手续。

3. 督促生产单位认真做好外购器材的进厂复验工作

①建立和执行外购器材进厂复验制度。

②未经进厂复验的器材，不得投产使用。

③复验时应具备下列文件：供应单位的试验报告和合格证明文件；复

验规范（包括复验项目、技术要求、检验试验方法、验收标准）；器材质量历史记录。

④检验方法与验收标准满足产品技术要求，并与分供方保持一致。

⑤对复验合格、待验或复验不合格的器材，必须采取有效的方法加以区别，待验器材应单独设置保管区域，防止误用。复验不合格的器材应及时隔离，标上醒目的标记。复验合格的器材，必须始终保持合格标记，直到生产时不得除去。

对于关键、重要的器材，尤其是新器材，应列入监督检验项目中。通过监督检查，验证生产单位外购器材进厂复验制度及有关程序的有效性。

（三）计量和测试的监督

计量测试管理主要有以下内容：

第一，生产单位必须明确产品是全过程所需要的测量。包括验证产品符合性规定要求的全部测量、检验、试验和验证活动，确定这些活动中涉及的测量和监督装置，将他们全部纳入监督范围。

第二，最高计量标准器具必须满足量值传递及需要；使用和保管符合要求，严格执行强制检定。

第三，计量器具和测试设备应根据规定的检测试验项目和准确度的要求，合理选用、配备。验证其检测能力。如，量值、准确度、分辨力、稳定性等应满足使用要求。

第四，编制计量网络图和计量周期，按照规定的程序和周期，对计量器具、仪器仪表、设备进行检定。现场使用的计量器具、测试仪表及设备的周期检验率和合格率符合要求。经检定合格的计量器具，要在实物上做出明显的"合格"标记。合格标记的内容至少有检定日期、责任者和有效期。检定不合格以及超过鉴定周期的，应在实物的显著位置上做出"禁用"标记，严禁使用。合格的计量器具在使用中发现异常时，亦应暂时挂上"禁用"标记，有关部门应及时做出处理。

第五，对影响质量的所有测量和试验设备，使用前均应进行校准。使用中的设备应按规定的周期间隔进行再校准。生产与检验共享的工艺装备和调试设备用作监测、试验手段时，在使用前应进行校验，同时按周期验证。

第六，从事计量测试的人员，应按《中华人民共和国计量法》的规定，分级组织培训考核，合格后授予相应的资格证书，持证上岗。

（四）对技术状态的监督

1.技术状态管理

技术状态管理是随着产品复杂和重要性的发展而形成的一种工程管理方法，是系统工程管理的一个重要组成部分。技术状态管理贯穿于研发、生产的全过程，其目的在于以最优的性能、最佳的效费比、最短的周期，研发、生产出预期要求的特种设备，并提供成套的图样及技术文件。对技术状态管理进行监督，是质量监督工作的一个重要组成部分。

在技术状态管理工作中，应重点做好以下两项工作。

①督促企业建立健全的技术状态管理制度。主要是建立健全技术状态标识、更改控制、记录和制度，并检查其执行的效果。

②按职责权限认真审查那些有价值的技术更改，对已通过型式试验图样及技术文件的更改，应按照规定的程序进行，并履行相应的手续。

2.设计阶段技术状态的监督

设计阶段图样和技术文件监督的重点有下述三项。

（1）试验样机与设计图样和技术文件一致性的监督

对试验样机要严格按照设计图样和技术文件进行监督检验。保证提供试验的样机是按照设计图样和技术文件生产的。

（2）设计阶段图样和技术文件更改的监督

在这个过程中，图样和技术文件的更改是不可避免的，必须严格执行研发过程的图样更改控制程序。在图样和技术文件更改时，一方面要保证所有图样和技术文件的一致性；另一方面要保证试验样机的实物与设计图样和技术文件的一致性。特别是在型式试验中出现问题的解决上，对产品的设计有改动时，待验证有效、可行后，应立即落实到图样和技术文件中。

（3）型式试验图样和技术文件的监督管理

型式试验图样和技术文件是保证产品质量一致性的关键。型式试验审查通过后的图样和技术文件，应该完整、统一、清晰。其管理应该符合图样和技术文件的管理要求，防止随意更改现象的发生。

3.制造过程中技术状态的监督

制造过程中图样和技术文件监督的重点有下述三项：

第一，生产用图与设计图样的一致性的监督、工艺用图与生产用图的一致性的监督保证生产用图、工艺用图与型式试验后图样的一致性，是保证生产出的产品符合设计要求的关键。

第二，生产过程中图样和技术文件更改的监督，为了保证生产的顺利进行，一方面是因工艺需要的改动，另一方面是消除设计错误的修改，这样就不可避免地要对设计的图样和技术文件进行必要的改动。

在对生产中图样和技术文件更改时，必须按规定办理更改手续，对影响产品性能的更改还必须通过必要的试验进行验证，当验证符合要求后，方可进行图样和技术文件的更改。在进行图样和技术文件的更改时，要做到图实一致、图文一致。

第三，型式试验图样和技术文件的监督管理，型式试验图样和技术文件是保证生产顺利进行，产品质量一致性、稳定性的关键。通过型式试验审查后的图样和技术文件必须做到图文一致、清晰、完整。其管理应该符合图样和技术文件的管理要求，防止随意更改现象的发生。

（五）不合格品（项）管理的监督

1. 对不合格审理组织的监督

监督检验人员应督促生产单位建立不合格品审理组织，并按照要求履行规定的职责。

2. 对不合格品管理的监督

对生产单位的不合格品管理进行监督，并使其达到以下要求。

处理不合格品必须坚持"三不放过"原则，找出产生不合格的真正原因，特别是要从管理、技术上分析造成不合格的所有因素，制定出切实可行的纠正措施，有效地防止不合格品的重复发生，不可敷衍了事。要验证纠正措施是否正确，检查实施效果。纠正措施无效或不明显，应进一步深入分析原因，重新采取措施，直至不再重复产生不合格品为止。

建立、健全对不合格品的鉴别、隔离、控制、审核等管理制度和分级处理程序。

从事不合格品审理人员，须经生产单位的最高管理者签署批准，并应明确规定设立人员的职责权限。生产单位的不合格品审理组织能够独立行使职权，不受任何人的干扰和支配，也不受正常生产的影响，不承担生产中出现的任何法律责任。

生产现场出现不合格品（包括工序半成品）时，应对其立即隔离，并按照规定在不合格品上做出标记，并严加控制，防止与合格品混淆而被误用；决定报废的不合格品，应采取破坏性或非破坏性方式明显标记，严格隔离，以防误用。标记图样的大小根据具体产品来定，但必须醒目而不易消失。

不合格品审理组织的任何一个成员都对不合格品的处理具有否决权，只有在一致通过的基础上方能考虑超差利用或降级使用。

四、安装过程的质量监督

（一）安装过程的行政监督程序

特种设备安装过程的行政监督程序是指特种设备从安装开始到使用为止的行政监督过程。特种设备的安装过程应履行以下程序。

1. 施工告知

施工告知必须在特种设备施工前进行，施工告知由拟装设备所在地的行政监督管理部门受理。

2. 施工检验申报

特种设备在办理完成安装告知后，设备安装前应到相应的检验机构申报办理安装过程的监督检验申请。在检验机构对拟安装特种设备的资料审核完成，并同意进行安装后，施工单位方可进行特种设备的安装工作。

3. 施工完成后的登记注册

特种设备施工完成后的登记注册是便于特种设备使用过程中的监督管理。施工过程完成是指特种设备安装完成经过安装单位自检合格，并经检验机构检验合格。特种设备的使用单位持特种设备检验机构的检验报告（含监督检验证书）等相关资料，到当地的行政监督管理部门办理注册使用登记手续，检验合格后在特种设备投入使用前或投入使用后 30 日内办理注册使用登记手续。

（二）安装过程的监督检验

1. 安装过程的质量监督

安装过程质量监督的主要内容及目的意义。

（1）设备选型

根据设备拟进行的用途，以及设备的质量证明文件，产品说明书等随机文件判定设备的选用是否符合使用场所的要求。

（2）拟装设备资料

核查产品的文件、质量合格证明文件、安装及使用维护说明书、有关的试验合格证明、制造监督检验证书等是否符合要求。目的是判定拟装设备是否通过相关的试验、厂检合格，并有备案，等等。

（3）安装环境资料

通过核查安装资料或现场测量安装环境尺寸，然后与拟装设备需要的环节尺寸进行比较，判定安装环境是否满足拟装设备的要求。目的是消除拟装设备在施工中出现空间位置不足的问题。

（4）安装单位资质

核查安装单位的资质许可证书、安装告知书、安装人员的资格证书是否符合要求。目的是保证特种设备安装质量。

（5）施工作业文件

核查施工工艺。目的是保证特种设备安装质量的具体措施。

（6）设备性能检验

设备性能检验包括安装过程中的性能检验和整机性能试验。目的是检查特种设备安装质量是否符合设备固有质量，确保安全的最有效措施。这种检验可以是现场监督检验，也可以是通过资料确认进行，或是通过资料和现场实物检验两者结合进行的检验。

（7）质量保证体系运行情况

质量保证体系的有效运行是保证特种设备安装质量和安装质量一致性的关键，是施工单位工作规范性的具体体现。通过核查施工方案的签审批程序的履行；过程记录填写的规范性、正确性、完整性；质量问题处理程序的履行；检验报告的真实性、项目的完整性、内容的正确性、签字人员的资格；一次检验合格率等项目，判定体系的运转是否正常。

（8）一次检验合格率

通过统计一次监督检验合格率，可以反映安装单位质量保证体系的运行情况、人员能力、安装质量水平及安装质量的薄弱环节，是评价安装单位工作的一种科学、有效的方法。

2.安装过程监督检验方法

（1）资料核查

资料核查也称资料审查。资料审查分为安装前的资料审查和完工后的资料核查。安装前的资料审查主要包括以下内容。

①产品的质量证明文件及型式试验证明文件。其主要目的，一是查看设备的选型是否合适；二是查看验设备是否是国家允许使用的；三是审查设备整机与部件是否匹配；四是型式试验内容是否覆盖所提供产品相应参数。

②现场测量相关数据。

③随机文件。如使用与维护说明书，安装图，电气（液压）原理图，接线图等。其主要目的，一是看设备与建筑物的匹配是否合适；二是看所配置的资料是否齐全，是否符合相关标准要求。

④安装施工过程记录、检验记录和检验报告的格式，质量体系人员的任命等。其主要目的，一是确认检验项目的齐全性、科学性、合理性；二是看安装过程与其质量体系要求的一致性。

⑤制造许可证明文件。其主要目的是审查所提供的产品是否在制造范围内。

⑥安装许可证和安装告知书。主要查看：第一，安装许可是否覆盖了拟装的设备；第二，拟装设备是否与告知书相一致。

⑦施工方案。主要查看审批手续是否齐全，是否符合体系的要求，能否满足质量要求。

⑧施工现场作业人员持有的特种设备作业人员证。其主要目的是确保作业人员符合拟装设备的要求。此项也可在施工过程中再对施工人员核对。

安装完成后现场检验前的资料审查主要包括以下内容。

第一，安装施工过程的记录和检验报告。主要是审查：①使用的格式与施工前提供的格式是否一致；②其填写的完整性、科学性、规范性；③签字人员是有施工单位的授权。审查的结果是现场检验的依据之一。

第二，安装质量证明文件。其内容包括：①电梯安装合同编号；②安装单位安装许可证编号；③产品出厂编号；④主要技术参数等内容。并且有安装单位公章或者检验合格章以及竣工日期。

（2）现场监督

现场监督是对特种设备安装或检验过程在现场监督的一种检验方法。监督检验并不是检验人员自始至终、每时每刻地都要跟踪在现场，而是根据监督检验细则中监督控制点的设置情况决定是否进行现场监督。

（3）实物验证

实物验证也称现场检验，是检验人员通过实物的核对、检验测试、试验等对设备安装质量进行判定的一种方法。

检验测试和试验并不一定必须是检验人员亲自动手操作，也并不是必须使用检验单位的仪器设备。但是，检验人员要对仪器设备是否适用，操作是否合理进行判断。在符合要求的基础上，检验人员要亲自判读数据，根据观察到的试验现象和试验数据独立地做出结论。

对于耗时及耗钱的项目可以与施工单位同时进行。数据的读取与处理可以联合也可以独立完成，甚至得出完全相反的结论。

在具体的监督检验实施过程中，以上三种方法可以分开使用，也可以综合使用。具体采用那一种方式，根据安装单位的工作质量统计情况而定。对于不同施工单位安装的同一型号的设备，根据安装单位的质量保证能力和安装质量统计情况采用不同的监督检验方式。对于同一施工单位安装的设备，根据其质量保证能力的变化，必须随时调整监督检验方式。以保证特种设备的安装质量，满足使用的安全要求。

（三）移装过程的质量监督

1.拆除前的告知

特种设备无论是移装还是报废拆除，在拆除前必须到当地行政监督部门进行拆除告知，告知后方可进行拆除。

2.移装前检验

对于拟进行移装的特种设备，在移装前必须进行检验，在检验合格的基础上，确认移装后仍能保证其固有性能的设备方可进行移装。对于没有移装价值的特种设备，或移装后难以保证产品固有质量的，则按报废处理。

3.移装时的监督检验

移装是特种设备常见的一种安装方式，在移装的特种设备安装前，必须对其各种状态进行检测，认为合格后方可进行施工。这也是移装设备监督检验的重点之一，也是检验机构必须重视的工作之一。

第三节 压力容器安全评定发展趋势

一、无损检测新技术

（一）高能射线照相

能量在 1MeV 以上的 X 射线被称为高能射线。工业检测使用的高能射线大多数是通过电子加速器获得的，工业射线照相通常使用直线加速器。

直线加速器的主体是由一系列空腔构成的加速管，空腔两端有孔可以使电子通过，从一个空腔进入下一个空腔。直线加速器使用射频（RF）电磁场加速电子，利用磁控管产生自激振荡发射微波，通过波导管把微波输入到加速管内。加速管空腔被设计成谐振腔，由电子枪发射的电子在适当的时候射入空腔，穿过谐振腔的电子正好在适当的时刻到达磁场中某一加速点被加速，从而增加了能量，被加速的电子从前一腔体出来后进入下一个空腔被继续加速，直到获得很高能量。电子到靶时的速度可达光速的 99%，高速电子撞击靶产生高能 X 射线。目前用于探伤的有两种直线加速器，一种采用行波加速，另一种采用驻波加速。

直线加速器焦点稍大，但其体积小，电子束流大，所产生的 X 射线强度大，适合用于工业射线照相。直线加速器由电流调整系统、控制操作台和主机三个部分组成。

电流调整系统 380V 的三相电经过稳压系统稳压后，经高压供电系统并通过调制解调器提供整个加速器各部分的电源。

控制操作台在控制操作台面板上可以预置摄片曝光时间和剂量。在透照过程中，若曝光时间与剂量数有一项已达到预置数时设备即停止射线输出。面板上还设有自锁控制故障的指示系统。如高压、真空、氟利昂真空、调制器门限位、挡板钥匙等联锁系统，只要有一个故障指示灯亮着，就无法使射线输出，必须排除故障以后才能输出射线。

主机主机是该设备的核心部分。主要由电子枪、加速管、靶、波导管、磁控管、自动频率调整系统、剂量测试系统、均整器、准直器及高真空系统、激光对焦系统组成。

均整器是一个用铅、钙等重金属制成，其作用是使射线束更加集中，只照射需要照射的部位，减少散射线。

该设备还设有激光对焦系统，在射线照相时，可用该系统使射线中心束对准被照工件中心。使摄片操作更加方便、可靠。

（二）射线实时成像检测技术

所谓射线实时成像检测技术，是指在曝光的同时就可观察到所产生的图像的检测技术。这就要求图像能随着成像物体的变化迅速改变，一般要求图像的采集速度至少达到 25 帧 / 秒。能达到这一要求的装置有较早使用的 X 射线荧光检测系统，以及目前正在应用的图像增强器工业射线实时成像检测系统。目前，射线实时成像检测灵敏度已基本上能满足工业检测要求，在中等厚度范围其灵敏度已接近胶片射线照相的水平。

射线实时成像检测技术有一些与常规射线照相不同的特殊要求，其工艺特点如下：在射线实时成像检测技术中一般采用放大透照布置。最佳放大倍数是由成像平面（荧光屏）的固有不清晰度和射线源的尺寸决定。

射线实时成像检测过程包含动态检验和静态检验。对动态检验，除了按规定选取扫描面、扫描方位和移动范围等外，必须正确选取扫描速度，即检验时工件相对于射线源的移动速度，它直接相关于图像的噪声，采用的扫描速度与射线源的强度相关。对静态检验，机械驱动装置必须具有一定的定位精度，一般要求定位误差不应超过 10mm，在连续检验过程中应注意累积的定位偏差，并做出修正。

在射线实时成像检测技术采用的数字图像处理技术包括对比度增强（灰度增强）、图像平滑（多帧平均法降噪）、图像锐化（边界锐化）和伪彩色显示等。为保证检验结果可靠，必须对芯系统的性能进行定期校验。

与常规射线照相相比，图像增强器射线实时成像系统有以下优点和局限性：工件一送到检测位置就可以立即获得透视图像，检测速度快，工作效率比射线照相高数十倍；不使用胶片，不需处理胶片的化学药品，运行成本低，且不造成环境污染；检测结果可转化为数字化图像用光盘等存储器存放，存储、调用、传送比底片方便；图像质量，尤其空间分辨率和清晰度低于胶片射线照相；图像增强器体积较大，检测系统应用的灵活性和适用性不如普通射线照相装置；设备一次投资较大；显示器视域有局限，图像的边沿容易出现扭曲失真。

（三）数字化射线成像技术

1.CR 技术的优点和局限性

原有的 X 射线设备不需要更换或改造，可以直接使用；宽容度大，曝光条件易选择。对曝光不足或过度的胶片可通过影像处理进行补救；可减小照相曝光量；CR 技术可对成像板获取的信息进行放大增益，从而可大幅度地减少 X 射线曝光量。CR 技术产生的数字图像存储、传输、提取、观察方便；像板与胶片一样，有不同的规格，能够分割和弯曲，成像板可重复使用几千次，其寿命决定于机械磨损程度。虽然单板的价格昂贵，但实际比胶片更便宜；R 成像的空间分辨率可达到 5 线对 /mm（即 100/μm），稍低于胶片水平；然比胶片照相速度快，但不能直接获得图像，必须将 CR 屏放入读取器中才能得到图像；R 成像板与胶片一样，对使用条件有一定要求，不能在潮湿的环境中和极端的温度条件下使用。

2.线阵列扫描成像技术

线阵列扫描数字成像系统工作原理是由 X 射线机发出的经准直为扇形的一束 X 射线，穿过被检测工件，被线扫描成像器（LDA 探测器）接收，将 X 射线直接转换成数字信号，然后传送到图像采集控制器和计算机中。每次扫描 LDA 探测器所生成的图像仅仅是很窄的一条线，为了获得完整的图像，就必须使被检测工件做匀速运动，同时反复进行扫描。计算机将多次扫描获得的线形图像进行组合，最后在显示器上显示出完整的图像，从而完成整个的成像过程。线阵列扫描数字成像系统的关键设备是 LDA 线阵列成像器，其制造工艺及参数的选择，对成像器的质量有很大的影响。典型 LDA 成像器由以下几个主要部分组成：闪烁体，光电二极管阵列，探测器前端和数据采集系统、控制单元、机械装置、辅助设备、软件等。

3.数字平板直接成像技术

数字平板直接成像是近几年才发展起来的全新的数字化成像技术。数字平板技术与胶片或 CR 的处理过程不同，在两次照射期间，不必更换胶片和存储荧光板，仅仅需要几秒钟的数据采集，就可以观察到图像，检测速度和效率大大高于胶片和 CR 技术，除了不能进行分割和弯曲外，数字平板与胶片和 CR 具有几乎相同的适应性和应用范围。数字平板的成像质量比图像增强器射线实时成像系统好很多，不仅成像区均匀，没有边缘几何变形，而且空间分辨率和灵敏度要高得多，其图像质量已接近或达到胶片照相水平，与 LDA 线阵列扫描相比，数字平板可做成大面积平板一次曝光形成图像，而不需要通过移动或旋转工件，经过多次线扫描才获得图像。

数字平板技术有非晶硅、非晶硒和 CMOS 三种。

非晶硅数字平板结构如下：由玻璃衬底的非结晶硅阵列板，表面涂有闪烁体—碘化铯，其下方是按阵列方式排列的薄膜晶体管电路（TFT）组成。TFT 像素单元的大小直接影响图像的空间分辨率，每一个单元具有电荷接收电极信号储存电容与信号传输器。通过数据网线与扫描电路连接。非晶硒数字平板结构与非晶硅有所不同，其表面不用碘化铯闪烁体而直接用硒涂层。

4.X 射线层析照相

X 射线计算机层析是近 20 年来迅速发展起来的计算机与 X 射线相结合的检测技术。该技术最早应用于医学，工业 CT 检测技术在近年来逐步进入实际应用阶段。

（四）磁记忆检测

磁记忆是一新的无损检测方法，最早由俄罗斯动力诊断公司提出，其原理是：工件局部集中区域存在着与应力集中线对应的漏磁场强度零值线，零值线两侧的漏磁场强度梯度表征应力集中程度，寻找漏磁场强度零值线和分析漏磁场的特征，便可获得工件存在应力集中的信息，从而预知工件中潜在的危险区域和裂纹的发源地，或发现已存在的裂纹缺陷。

磁记忆检测技术的优点：不须对工件表面进行特殊的处理，就可进行大面积的快速检验；不须专门的磁化装置，因此检测仪器轻便，操作灵活快捷；可以找出部件上的应力集中线，从而找出潜在的裂纹源；可以发现部件内部埋藏较深的、用常规无损检测方法难以检测的微小缺陷；对已发现的裂纹，可以根据零值线（应力集中线）确定裂纹的未来扩展方向；可以快速地对结构的应力状况进行检测，确定应力集中部位及应力集中程度；可以在焊后热处理前后分别对焊缝的应力集中情况进行检测，监测焊后热处理的效果；可以检测角焊缝、T 形焊缝等常规无损检测方法无法实施的结构。

磁记忆检测技术适用于管道状况评价，储罐和装置的快速诊断，蒸汽锅炉汽包状况评价，汽轮机转子状况评价，锅炉和蒸汽管道弯头状况评价，汽轮机设备零件（销钉、轴承、轴瓦等）状况评价，压缩机叶片与转子状况评价，电梯金属结构的磁检测方法，轴颈、盛钢筒、挂钩、起重机吊钩检测、压气钻管和联轴节技术诊断。

（五）超声导波检测技术

近10年来，国外对超声导波检测技术的研究十分活跃。导波检测技术在很多领域取得突破性进展，其中最突出的是压力管道和高速铁路钢轨的检测，已经研制出专用检测设备，并在工程实践中成功应用。

压力管道超声导波检测的最大特点是检测速度快和无须接近被检测区域，可以一次完成数十米长度管道的100%检测，对腐蚀缺陷的检测灵敏度约为管道截面缺损面积的3%～10%。超声导波检测技术可以在不破坏设施的前提下，检测穿越道路和堤坝的管道，埋藏于地下或安装于高空中的管道，以及被保温材料包覆，被套环和支座遮蔽的管道，被容器壁或内件阻隔的管道、桥梁下铺设的过江管道、海上石油平台作业面以下的各种管道，可以减少拆除保温、开挖地面、破坏结构造成的经济损失，免去凌空作业和水下作业的麻烦，从而大大减少检测过程中各种损失，降低成本，节约时间。该技术的应用对及时发现隐患，防范泄漏事故，确保管道安全运行具有重大意义。

导波是一种能沿着结构长度传播，并被结构的几何边界导向约束的结构弹性波。导波有纵波、扭力波、变形波、兰母波、水平剪切波和表面波等多种模态形式。导波的性能（速度和位移模式）会随着几何结构的形状、尺寸大小和波的频率的变化而改变。一般地，大多数波依据结构的材料而应用于传统的超声波检测上。

二、无损检测方法的选择

（一）无损检测目的

无损检测目的是确保承压设备制造质量和使用安全。应用无损检测技术，可以试件表面或内部的缺陷，确保承压设备的制造（安装、维修、改造）质量。采用破坏性检测，在检测完成的同时，试件也被破坏了，破坏性检测只能进行抽样检验，因此在承压类特种设备制造的过程检验和最终质量检验中应用无损检测技术。

即使是设计和制造质量完全符合规范要求的承压类特种设备，在经过一段时间使用后，也有可能发生破坏事故。这是由于苛刻的运行条件使设备状态发生变化，例如由于高温和应力的作用导致材料蠕变；由于温度、压力的波动产生交变应力，使设备的应力集中部位产生疲劳；由于腐蚀作用使壁厚减薄或材质劣化等，上述因素有可能使设备中原来存在的，制造规范允许的小缺陷扩展开裂，或使设备中原来没有缺陷的地方产生这样或那样的新生缺陷，最终导致设备失效。为了保障承压设备使用安全，对在用承压设备必须定期进行检验，通过无损检测及时发现缺陷，避免事故发生。

（二）无损检测的应用特点

无损检测要与破坏性检测相配合，无损检测的最大特点是能在不损伤材料、工件和结构的前提下来进行检测，所以实施无损检测后，产品的检查率可以达到100%。但是，并不是所有需要测试的项目和指标都能进行无损检测，无损检测技术自身还有局限性。某些试验只能采用破坏性检测，因此，在目前无损检测还不能完全代替破坏性检测。也就是说，要对工件、材料、机器设备做出准确的评价，必须把无损检测的结果与破坏性检测的结果结合起来加以考虑。例如，为判断液化石油气钢瓶的适用性，除完成无损检测外还要进行爆破试验。锅炉管子焊缝，有时要切取试样做金相和断口检验。

正确选用实施无损检测的时机，根据无损检测的目的来正确选择无损检测实施的时机是非常重要的。例如锻件的超声波探伤，一般要安排在锻造和粗加工后，钻孔、铣槽、精磨等最终机加工前进行。这是因为此时扫查面较平整，耦合较好，有可能干扰探伤的孔，槽、台还未加工出来，发现质量问题处理也较容易，损失也较小。又例如要检查高强钢焊缝有无延迟裂纹，无损检测就应安排在焊接完成24h以后进行。要检查热处理后是否发生再热裂纹，就应将无损检测放在热处理之后进行。电渣焊焊接接头晶粒粗大，超声波检测就应在正火处理细化晶粒后再进行。

选用最适当的无损检测方法。每种检测方法本身都有局限性，不可能适用于所有工件和所有缺陷。为了提高检测结果的可靠性，必须在检测前正确选定最适当的无损检测方法。在选择中，既要考虑被检物的材质、结构、形状、尺寸，预计可能产生什么种类，什么形状的缺陷，在什么部位、什么方向产生；又要以上种种情况考虑无损检测方法各自的特点。例如，钢板的分层缺陷因其延伸方向与板平行，就不适合射线检测而应选择超声波检测。检查工件表面细小的裂纹，就不应选择射线和超声波检测，而应选择磁粉和渗透检测。此外，选用无损检测方法时还应充分地认识到，检测的目的不是片面追求产品的"高质量"，而是在保证充分安全性的同时要保证产品的经济性。只有这样，无损检测方法的选择和应用才会是正确的、合理的。

综合应用各种无损检测方法在无损检测应用中，必须认识到任何一种无损检测方法都不是万能的，每种无损检测方法都有优缺点。因此，在无损检测的应用中，如果可能，不要只采用一种无损检测方法，而应尽可能地同时采用几种方法，以便保证各种检测方法取长补短，从而取得更多的信息。另外，还应利用无损检测以外的其他检测所得的信息，利用有关材料、焊接、加工工艺的知识及产品结构的知识，综合起来进行判断。例如，超声波对裂纹缺陷探测灵敏度较高，但定性不准，而射线的优点是对缺陷定性比较准确。两者配合使用，就能保证检测结果既可靠又准确。

无损检测最主要的用途是探测缺陷。了解材料和焊缝中的缺陷种类和产生原因，有助于正确地选择无损检测方法，正确地分析和判断检测结果。

（三）无损检测方法选择

承压类特种设备制造过程中的无损检测的应用，以及各种检测方法对检测小结如下：

1. 原材料检验

（1）板材：UT0。

（2）锻件和棒材：UT、MT（PT）。

（3）管材：UT（RT）、MT（PT）。

（4）螺栓：UT、MT（PT）。

2. 焊接检验

（1）坡口部位：UT、PT（MT）。

（2）清根部位：PT（MT）。

（3）对接焊缝：RT（UT）、MT（PT）。

（4）角焊缝和T形焊缝：UT（RT）、PT（MT）。

3. 其他检验

（1）工卡具焊疤：MT（PT）。

（2）水压试验后：MT。

第六章 燃烧设备的安全运行与故障排除

第一节 固定炉排的运行

固定炉排是一种简单、使用最早的燃烧设备，广泛应用在小型锅炉中。由于这种炉排是固定不动的，燃料层也是不动的。装有这种炉排的锅炉是手烧炉的一种，其投煤、出渣和调整燃烧均靠人工操作。在运行中炉排面上铺满了燃料，燃烧时炉排面就是一个"火床"。采用固定炉排的锅炉，由于炉膛的深度、宽度以及人力所限，燃煤量受到了限制，因此，这种锅炉的蒸发量大多在 1t/h 以下。

一、固定炉排上煤的燃烧特点和燃烧过程

燃料铺在炉排上燃烧，空气由炉排下进入，大块的灰渣由炉门扒出，较小的灰渣从炉排缝隙中落入灰坑，灰坑中的灰渣可由出口掏出，这是固定炉排投煤、出渣的简单过程。

新投入的燃料落在正在燃烧的煤层上，下部受到已燃烧的煤层加热，上部受到炉膛高温的辐射，被投进的新煤吸收了热量，水分很快被蒸发，与此同时，分解出大量的挥发物。从这里不难看出，手烧炉对煤的着火条件是十分优越的，即使是水分多挥发分少的煤，也能很快地得到干燥，分解出挥发物而顺利地引燃着火。因此，把这种引燃方式作为无限制着火。

每添一次新煤，就将前一次投入的煤压在下面，如此进行数次，最下一层（也就是贴近炉排的这一层）已成为灰渣层。

燃烧所需的空气，由炉排下进入，空气穿过灰渣层被加热与赤热的焦炭相遇，空气中的氧与燃料中的碳化合成二氧化碳，这一层称为氧化层；二氧化碳继续上升，与上面的焦炭发生还原反应成一氧化碳，这一层称为还原

层，还原层生成的可燃物与燃料中的挥发物一起升到炉膛中继续燃烧。在实际燃烧中，各层之间并不完全像上面所述那样明显。

操作固定炉排锅炉时，必须保持足够的炉膛温度，这样就能加快焦炭燃烧速度。要达到这一目的，决定的因素是由炉排下送入的空气量。若将自然通风改为强制通风，在固定炉排上就可多烧煤；炉排的燃烧率（指每平方米炉排面积上一小时内所燃烧的煤量）提高了，也就相应地提高了手烧炉的出力。

二、手烧炉的运行

手烧炉的运行比较简单，它主要包括点火、投煤、拨火于捅火、清炉和停炉五个阶段。

（一）点火

手工操作点火按如下顺序进行：①全开烟道闸板和灰门，自然通风10分钟左右；如有通风设备，进行机械通风5分钟。关闭灰门，在炉排上铺一薄层木柴、引燃物，其上均匀撒一层煤。②在煤上放一些劈柴、油泥等可燃物将其点燃，这时炉门半开；注意严禁用挥发性强的油类或易爆物引火。③当火将煤燃着、火遍及整个炉排后，一点点向里加煤，使燃烧持续进行。煤全面燃烧后，将灰门打开，关闭炉门，使其逐渐燃烧。

（二）投煤

手烧炉人工投煤的方法一般有三种：

1. 普通投煤法

将新煤全面投向正在燃烧的火床上面。此法适应于含挥发分较低的煤。

2. 左右投煤法

将新煤先投在左半部正在燃烧的火床上面，待其燃烧旺盛时再将新煤投入右半部的火床上面，如此交替进行。由于半个火床总是保持燃烧状态，使新煤放出的挥发物能及时着火燃烧，因此燃烧工况较好，并且少产生黑烟。

3. 焦化法

将新煤堆放在炉门内一侧闷烧，待挥发分烧完时再将赤热的焦炭推向整个火床继续燃烧，由于这种方法前后再次投煤的间隔时间较长，炉门开关次数较少，进入炉膛的冷空气也较少，因此减少了排烟损失。但是，如果一次加煤较多，空气供应不足，在一段时间内会产生较多的黑烟。

手烧炉投煤的时间间隔不能太长，否则炉排上的煤大部分被烧尽，为了连续供汽，就必须一次投入较多的新煤，它覆盖在火床上阻碍通风，影响燃烧，造成汽压下降，从而影响了正常供汽。

投煤前，要注意观察炉膛的火焰颜色。当火床上的火焰为炽白色时，表示空气过剩，必须立即投煤，并做到快、匀、少；即投煤时要掌握火候，当燃烧层达到白热化时抓紧投入新煤。同时，投煤要勤，动作要快，每次投煤量要少，以保持煤层平整均匀。燃烧层一般应控制在100mm～150mm之间。如果燃烧层太薄，风力过强，容易出现火口，大量的空气不经煤层而短路进入炉膛，降低炉膛温度，增加排烟热损失，同时也影响燃烧。如果煤层太厚，空气阻力增大，冲刷燃烧层的空气量减少，可能造成燃烧不全，增加热损失。

煤最好在燃烧之前，适当地掺点水，其作用一是使煤屑相黏结不致被气流带走，有利于充分燃烧，提高热效率；二是煤层中的水分在炉膛高温作用下很快蒸发成水蒸气，使煤层中出现较多的空隙，有利于空气进入煤层，发挥助燃作用，减少不完全燃烧损失。掺水量应根据煤的原有水分和颗粒度来确定，煤中原含有水分多或颗粒大的少掺水，原有水分少或颗粒细得多掺水；煤中含水量以8%～10%为宜。为了使水掺得均匀、浸透，应在上一班或前一天就掺，并且用搅拌的方法使煤与水混合均匀。检验煤里面的水分是否适宜的方法有两种：一是化验法，即从掺水的煤中取样，用化学的方法分析其水分的含量；二是宏观检查法，即用手抓一把掺水的煤，然后五指弯曲使手中的煤成团，当五指伸开后煤团自然裂开，表明煤里面的水分约在8%～10%，如果煤团不自然裂开，则表示水分过多。

在运煤、拌煤和投煤过程中，都应检查煤中是否夹有雷管（采煤时可能丢失或未引爆的雷管）、铁块等物，以免它们进入炉排，造成意外事故。

（三）拨火与捅火

拨火是根据炉排上煤层燃烧情况而采取的一种简单的操作方法。如炉排上燃烧层高低不平或局部出现"火口"时，用火钩在煤层上部轻轻拨平燃烧层，防止短路空气从火口处串入炉膛以使燃煤和空气均匀接触。捅火，是在燃烧一段时间后，当煤层下面的灰渣过厚，影响通风时，用铁通条、炉钩或撬火棍插入煤层下部前后松动，使燃透的灰渣从炉排空隙落入灰坑，以改善通风和减薄煤层。操作时要防止将灰渣搅到燃烧层上面来，如有大块灰渣，要从炉门口扒出来，不要强行捣碎。特别是燃烧灰熔点低、焦结性很强的煤时，更应加强捅火工作。无论是拨火或是捅火，动作都要快，以减少炉门敞开的时间，避免过多的冷空气进入炉膛，降低炉膛温度，恶化燃烧，增加机械和化学不完全燃烧损失及排烟热损失。

手烧炉的通风多采用自然通风，少数用机械通风。自然通风是通过烟道闸板开度来调节炉膛通风量，因此应知道烟道闸板的开度与通风量的关系。在半开范围内，随开度变化通风量变化显著；由半开到全开，通风量的变化较前平缓得多。可将闸板调到适当位置，以达到调节燃烧的目的。

炉排下灰坑内如果有大量灰渣积存，会妨碍通风，要及时清除。炉前的灰渣禁止浇水。

（四）清炉

锅炉在运行一段时间以后，灰渣会越积越厚，既阻碍通风又影响燃烧，需要及时进行清炉。清炉最好选择在停止用汽或负荷较低时进行。清炉前应将烟道挡板关小，防止炉膛温度迅速降低。水位保持在正常水位线与最高水位线之间，以免因清炉时间过长而使水位下降，同时也是为了清炉后不要立即向锅炉进水，防止汽压下降。清炉时，应留下足够多的底火，以利迅速恢复燃烧。

清炉的方法一般有左右交换法、前后交替法两种。具体步骤是：减少送风，关小烟道挡板，先将左（或前）半部正在燃烧的煤全部拨到右（或推向后）半部火床上面，再将左（或前）半部的灰渣扒出。然后将右（或后）半部的煤布满整个炉排，并投入新煤，开大烟道挡板，恢复送风。待新煤燃烧正常后，再按同样的方法清除右（或后）半部的灰渣。用前后交替法清炉，除渣效果较差，特别是清除炉排后半部的灰渣很困难，因此在连续采用数次前后交替法清炉后，必须采用一次左右交替法，以彻底清除炉排后半部灰渣。

无论采用哪一种方法，清炉的动作都要迅速，防止冷空气大量进入炉膛降低炉温。扒出来的灰渣应随时装入小车运出锅炉房，而不应将灰渣扒在炉门口下用水熄灭红渣，以免造成锅炉下部受潮腐蚀。

（五）停炉

停炉分为临时停炉、正常停炉和紧急停炉三种。

1. 临时停炉

临时停炉又称压火停炉。当锅炉负荷暂时停止时（一般不超过12小时），可不让空气与炉排上的燃烧层接触，但保持燃烧层火源。压火一段时间后，如果需要恢复运行，可随时进行挑火（扬火）。应尽量减少锅炉临时停炉的次数，以免因热胀冷缩频繁，产生温差应力，引起金属疲劳，使锅炉接缝或胀口渗漏。

压火分满炉压火与半炉压火两种情况。压满炉火时，用湿煤将炉排上的燃煤压严，不许炉排下的空气通过燃烧层，然后关闭烟、风道挡板和灰门，打开炉门，停止或减弱燃烧。如能保证在压火期间不会复燃，也可以关闭炉门。压半炉火时，是将燃煤扒到炉排的前部或后部，左侧或右侧，使其聚集在一处，然后用湿煤压严，关闭烟、风道挡板或灰门，打开炉门。

压火时，要向锅炉进水和排污，使水位稍高于正常水位线。在锅炉停止供汽后，关闭主蒸汽阀。压火完毕，要按正常操作步骤冲洗水位表一次。

压火期间应经常检查锅炉内汽压、水位的变化情况；检查烟、风道挡板，灰门是否关闭严密，防止被压火的煤熄灭或复燃。

锅炉需要挑火（扬火）时应先进行排污和给水，然后冲洗水位表，开启烟、风道挡板和灰门，接着将炉排上的燃烧层扒平，逐渐添上新煤，恢复正常燃烧。待汽压上升后，再及时进行暖管、通汽或并汽工作。

2. 正常停炉

锅炉正常停炉是指有计划地检修停炉。其操作步骤是：①逐渐降低负荷，减少供煤量和风量；当负荷停止后，随即停止供煤、进风，减弱引风，关闭主汽阀，对蒸汽管路疏水。②在完全停炉之前，水位应保持稍高于正常水位线，因为这时炉膛温度很高，炉水仍在继续蒸发，如果锅炉汽、水系统结合处不严密，锅炉水位会逐渐下降，甚至会造成锅炉缺水事故。关闭烟风道挡板，扒出炉排上未燃尽的煤焦，清除灰渣，再关闭炉门和灰门，防止锅炉急剧冷却。当锅炉压力降至大气压时，开启放空阀或提升安全阀，以免锅筒内造成负压。③停炉6小时后开启烟道挡板，进行通风和换水。当炉水温度降低到70℃以下时，才可将炉水全部放出，否则有可能形成二次水垢。④锅炉停炉后应在蒸汽、给水、排污等管路中装置堵板。堵板厚度应保证不会被并联运行锅炉的蒸汽、给水管道内的压力及其排污压力顶开，保证与其他运行中的锅炉可靠隔离。在这之前，不得有人进入锅筒内工作。⑤停炉放水后应及时清除受热面水侧的污垢。当锅炉冷却后，打开人孔门进行全面检查，及时清除各受热面烟气侧上的积灰和烟垢。根据锅炉停用时间的长短，确定其保养方法。

3. 紧急停炉

锅炉紧急停炉，是当锅炉发生事故时，为了阻止事故的扩大而采取的应急措施。锅炉在运行中遇有下列情况之一时，应紧急停炉：①锅炉水位低于水位表的下部可见边缘；②不断加大给水及采取其他措施，但水位仍继续下降；③锅炉水位超过最高可见水位（满水），经放水仍不能见到水位；④给水泵全部失效或给水系统故障，不能向锅炉进水；⑤水位表或安全阀全部失效；⑥锅炉元件损坏，危及运行人员安全；⑦燃烧设备损坏，炉墙倒塌或锅炉构架被烧红等，严重威胁锅炉安全运行；⑧其他异常情况危及锅炉安全运行。

紧急停炉的操作步骤如下：①立即停止给煤或送风，减少引风；②迅速扒出炉膛内的燃煤，或用沙土、湿炉灰履盖在燃煤上使火熄灭，但不得往炉膛里浇水；③将锅炉与蒸汽母管隔断，开启放空阀；如这时锅炉汽压很高，或有迅速上升的趋势，可提起安全阀手柄或杠杆排汽，或者开启过热器疏水阀（又称启动排汽阀）疏水排汽，使汽压降低；④停炉后，开启省煤器旁路烟道挡板，关闭主烟道挡板，打开灰门和炉门，促使空气对流，加快炉膛冷却，同时也保护了省煤器；⑤因缺水事故而紧急停炉时，严禁向锅炉给水，并不得开启放空阀或提升安全阀排汽，以防止锅炉受到突然的温度或压力的变化而扩大事故。如无缺水现象，可采取进水和排污交替的降压措施；⑥因满水事故而紧急停炉时，应立即停止给水，关小烟道挡板，减弱燃烧，并开启排污阀放水，使水位适当降低。同时开启主汽管、分汽缸上的疏水阀疏水。

第二节 链条炉的运行与故障排除

链条炉的燃烧过程是一个比较复杂的过程，它的技术性很强，影响燃烧的因素很多。其燃烧过程分四个阶段进行，而阶段与阶段之间，既有区别又互相联系，严格地说，阶段与阶段之间是交错地进行，因此司炉操作人员须正确地、熟练地掌握链条炉的整个燃烧过程。这不是一件很容易的事，因此要不断学习、总结，不断实践，以更好地掌握链条炉运行与调节的操作。

一、链条炉的运行

（一）点火

1. 点火前的检查

点火前的检查包括以下内容：①炉排片应完整无损；炉排片与炉排片之间的间隙要符合运行要求，不应有熔渣堵塞影响通风；上下炉排之间和灰渣斗内无积灰；放灰门开关灵活；小风室内无积灰和串风现象。②检查所有传动部分如变速箱、前后轴承活动部分的润滑和冷却情况是否良好，变速箱的油位是否正常。③变速箱离合器安全弹簧的松紧程度是否适宜，空载启动有无不正常的响声。④煤斗弧形闸板、煤闸板和煤层厚度指示装置是否完好。⑤链条的松紧程度是否适宜，有无跑偏现象和不正常的响声；炉排由慢到快试运转时，检查炉排片是否平稳移动，有无卡住或急跳现象。⑥出渣机试运转是否正常，落灰斗水封是否良好。

2. 点火

①将弧形闸门全开，把煤闸板调到最高位置；在炉排前部 1m 左右铺上 20mm ～ 30mm 厚的煤层；在煤层上铺上木柴和油质的废棉纱等引火物；在炉排中后部铺一层较薄的炉灰，其目的是防止冷空气大量进入，降低炉膛温度，延长升火时间，并防止炉排暴露在火焰下烧坏。②点燃引火物，缓慢转动炉排，待火焰离开煤闸门约 1m ～ 1.5m 后停止炉排。③当前拱温度逐渐升高到能点燃新煤时，调整煤闸板，保持煤层厚度为 70mm ～ 100mm，缓慢转动炉排并调节引风机，使炉膛负压接近零，加快煤层的着火和燃烧。④当燃煤转动到第二风室处时，适当开启第二风室的小风门；当炉排转动到第三、四风室处，依次开启第三、四风室的小风门；当燃烧层转到第五风室处，焦炭燃尽，灰渣形成，小风门的开度视燃烧情况而定，在一般情况下，第五风室的小风门开得很小，如果小风室串风，有的不开。⑤当底火布满炉排后，根据负荷情况，适当调节煤层厚度，并相应增加风量，提高炉排速度，维持炉膛负压 19.6 ～ 29.4Pa，保证煤层迅速着火和完全燃烧。

（二）运行中的调节

链条炉在运行中需要随着负荷和煤种的变化情况进行调节，包括对煤层厚度、炉排速度、炉膛风压的调节。

1. 煤层厚度的调节

煤层厚度主要取决于煤种,调节煤层厚度要注意煤的特性。对于灰分大、水分多、颗粒大、灰分熔点高的煤,在一般情况下,煤层需要调厚;相反,煤层则要调薄些。因为灰分大、水分多的煤进煤量要多才能适应锅炉负荷的增加,而颗粒小的煤,煤层空隙小,阻力大,空气不易透过,所以薄煤层有利于通风。粉煤多及灰分熔点低的煤也要薄煤层。对灰分多、水分大的无烟煤和贫煤,因其着火困难,煤层可稍厚,一般为100mm～160mm;对于黏结性强的烟煤,煤层厚度可调至60mm～120mm;非黏结性的烟煤,其厚度可调至80mm～140mm。无烟煤着火温度高达700℃～800℃,且难以着火燃烧,因此炉排速度要相应减慢,为了适应负荷的变化,只有适当地调整煤层厚度。然而无烟煤受热后,在一般情况下要产生自裂,由大块的煤变成细粒的煤,增加了通风的阻力,从而限制了煤层的厚度。因此,司炉操作人员在调节煤层厚度时,一定要做到综合分析炉型和煤质的情况,权衡利弊后再确定煤层厚度。

煤层厚度适当且燃烧正常时,新煤离开煤闸板后100mm～150mm就应开始燃烧,在距挡渣板(俗称老鹰铁)前300mm～400mm处燃尽。

当锅炉负荷变化时,给煤量应相应地变化,但在一定范围内(或一般情况下),不宜采用调节煤层厚度的办法,因为煤层厚度的变化对调节负荷不能立即见效,只有当新煤层移动到炉排中部时,才开始对负荷产生影响。因此,对于少量负荷的调节,一般仅通过加快炉排速度来增加给煤量。如果负荷变化较大,而且锅炉将在新负荷下长期稳定运行时,则应考虑煤层厚度,使其煤量与蒸发量适应。

2. 炉排速度的调节

链条炉排速度的可调范围一般为3～25m/h,炉排的速度必须与负荷变化相适应。在调节炉排速度时要注意煤的特性。挥发分少的煤不容易着火,如果炉排速度过快容易出现断火,因此速度应慢些;挥发分多的煤容易着灭,如果炉排速度过慢会把煤闸门烧坏,这时需要调快炉排速度。

炉排速度应经过试验确定。正常的炉排速度,应能保持整个炉排面上都有燃烧火床,而在接近挡渣板(老鹰铁)处没有正在燃烧的焦炭。

3. 风压和风量的调节

根据链条炉燃烧过程分区域和分阶段进行的特点，在炉排下部都设置了风室，一般为 5～10 个。风室多有利于调节送风量，但风室的结构也比较复杂。链条炉有采用一侧送风的，当炉排较宽时，则采用两侧送风。

链条炉运行时，风压的大小应根据煤层厚度而定。煤层厚、颗粒又小的煤（即含粉煤多）要求风压高一些，否则会影响燃烧。当煤层调薄时，风压要相应调低，否则炉排上的粉煤会被扬起，随着烟气一起逸出烟囱。由于炉排上的粉煤被扬起，还会使炉排局部出现火口（即炉排上燃烧层局部穿孔）。当炉排上燃烧层出现火口时，在火口周围燃料炽烈地燃烧，而炉排其他部分则缺乏空气燃烧不旺，因而使炉排上整个火床燃烧不均匀，燃烧层表面呈暗红色，从而增加了机械和化学不完全燃烧损失，同时也影响锅炉出力。

在正常运行时，炉排下面各风室的小风门开度应根据燃烧情况及时调节。例如，在炉排前后两端，当新煤刚刚进入和焦炭接近燃尽时都不需要过多空气，因此这两个风室的小风门一般只开一点，如果风室串风，有时甚至不开；在炉排中部（即燃烧中心区），焦炭迅速燃烧，需要大量空气，则中部的小风门要全开。调整各风室小风门的开度时幅度不宜太大，否则会影响燃烧的均匀性。在调节燃烧时，要维持炉排上火床的长度，在正常燃烧时，火床的长度约占炉膛有效长度的 3/4 以上。对于在满负荷运行分五段送风的锅炉，一般第一、第五风室的风压为 98～196Pa；第二、第四风室的风压为 392～588Pa，第三风室的风压为 588～784Pa。

炉排速度、煤层厚度、风压调节三者的配合是：厚煤层、高风压、跑慢车；薄煤层、低风压、跑快车；中等厚度的煤层，取中等的风压和中等的炉排速度。锅炉运行时，负荷的变化系指负荷的增加或减少。当负荷增加时，若燃料调节配合不当，汽压就下降；当负荷减少时，燃烧不减弱，汽压则上升。它的调节顺序如下：

当需要增加负荷时，先增加引风，再增大送风，然后增加炉排速度。在实际运行中，往往是先调风量，再调煤量。这是因为改变风量可以很快稳住汽压，所以大多司炉操作人员习惯于先调风。这样做的另一个原因是链条炉炉排转速慢，增加进煤量后需要一段时间才能初见效果。但调风后一定要很快调节给煤量，否则，随着风量的增加，炉排上的燃料燃烧速度加快，可燃质越来越少，在火床上将出现不均匀现象，这样汽压虽然在短时间顶上去了，但很快又会降下来，而且风量越大，炉膛温度将显著下降，汽压下降会更快。

当需要减少负荷时，先降低炉排转速，然后减少风量，先减送风，再减引风。这种调节步骤不是绝对不变的，要做到灵活运用，这就要求司炉人员有一定的实际经验和熟练的操作技术。

链条炉的运行较稳定，炉膛内负压可控制在 $19.6 \sim 29.4Pa$。为了不至于造成正压喷火伤人，炉膛的负压还可以适当高一点。

对于链条炉而言，调节过热蒸汽温度比较简单，经常用的方法是调节二次风。链条炉的二次风一般装在前拱上部，喷射方向稍向下倾斜，所以二次风开大时，火焰中心向下，出口烟温降低，过热蒸汽温度相应下降；相反，二次风开小时火焰中心向上，过热蒸汽温度也相应上升。

（三）燃料性质对链条炉运行的影响

燃料性质对链条炉运行的影响很大，因此对燃用的燃料有以下要求：

1. 应对燃料进行筛选，保持一定的颗粒直径

未经筛选的统煤对链条炉的燃烧十分不利，由于粒度不一，碎煤嵌在大颗粒煤之间，煤层堆得很密实，燃烧层在干燥过程中产生的水蒸气不易散发，会延迟燃料的着火和燃烧；由于密实的燃料层使通风阻力增大，粉煤多的地方容易被风吹畅而形成火口。此外，由于煤的粒度不均匀，很容易在下煤斗中自然产生机械分离，即大块的煤落在炉排的两侧，细颗粒与粉煤则落在炉排的中间，使炉排通风不均匀，也会破坏燃烧的正常进行。所以，燃料在进入落煤斗之前，最好经过筛选。若燃用未经筛选的统煤，小于 6mm 的碎煤不宜超过 30%，最大的块煤直径不得大于 40mm，因为它在燃烧过程中表面易被灰层包围，空气很难与煤层表面接触易造成燃烧不完全，增加机械不完全燃烧损失。

2. 燃料的黏结性要适当

链条炉不宜燃用黏结性很强的煤，也不宜燃用受热易分裂成粉末的煤。黏结性很强的煤其表面在高温作用下容易形成板状焦块层，致使通风阻力增加，破坏燃烧，因此必须经常拨火，从而增加了司炉操作人员的劳动强度。如果结焦严重在炉排上结成一个整块，整块大焦渣随着炉排的转动堆积在挡

渣板处，就会卡塞落灰斗，甚至把后拱及顶棚管挤坏变形，此时将被迫停炉打渣。有的燃料黏结性虽然弱，但受热后容易自裂成碎粒或粉状，一部分被空气扬起随飞灰一起逸出烟囱，另一部分则从炉排缝隙下漏掉，增加了机械不完全燃烧损失。

3.煤中含的水分要合适

从燃烧的角度考虑，煤中的水分过多、过少都不好。燃料中的水分多，会使燃料的着火和燃烧推迟，对整个燃烧过程是不利的，不仅输送困难，而且最容易黏附在煤斗壁上，增加落煤阻力，一不小心很易造成断煤事故。燃料中的水分也不宜太少，对于粉末多的煤，一部分煤粉会随飞灰逸出，还有一部分会从炉排缝隙中漏入灰坑。对于干燥的煤，特别是干燥的粉煤，适当地加些水分能够提高燃烧的经济性，同时由于水分蒸发使燃料层疏松，空气容易透过煤层与其表面接触，对燃烧极为有利。对于黏结性强的煤，加少量的水可以减轻煤层结焦的危害。此外，适当加水还可控制挥发分的析出速度，有利于减少化学不完全燃烧损失。但水量不能加得过多，而且要分布均匀，还要给予一定的渗透时间。根据运行经验，煤中的水分一般为8%～10%为最佳。

4.灰分多的煤对燃烧也是不利的

燃料中的灰分不宜过多，灰分过多，焦炭燃烧表面裹灰现象就严重，空气不易接触焦炭燃烧表面，这就会给焦炭的燃烧和燃尽带来一些困难。灰分熔点低的煤，容易在火床中部产生软化熔融状态，一遇冷空气，就结成大块焦渣，堵塞炉排上的通风孔，破坏正常的燃烧，从而加速炉排的烧损。

（四）停炉

1.正常停炉的操作

链条炉正常停炉，就是有计划地检修停炉。其操作顺序和要求是：①逐渐降低负荷，减少供煤量和风量（包括鼓风、引风）。当负荷停止后，随即停止供煤、送风，减弱引风，关闭主蒸汽阀，开启过热器疏水阀和省煤器的旁路烟道，关闭省煤器主烟道。②在完全停炉之前，水位应保持稍高于正常水位线，以防冷却时水位下降造成缺水。③加快炉排速度，把煤迅速转出去；当煤转到距煤闸门300mm～500mm时，暂停炉排转动，但需保持炉膛适当负压，以冷却炉排。如能在炉排前部铺上一层灰渣隔热，效果更佳。④

继续转动炉排；当炉排上没有火焰或红炭时，停止引风，打开各风室小风门使之自然通风，关闭旁路烟道门。⑤停炉后缓慢冷却锅炉，经 4~6h，逐渐开启烟道挡风板通风；有旁路烟道的，打开旁路门。⑥停炉 8~10h 后，可进行放水和进水；如需锅炉冷却加快，可启动引风机，并适当增大进水和放水。⑦停炉 18~24h 后，当炉水温度低于 70℃时，方可将炉水全部放出。为使放水工作顺利进行，应打开锅炉的放空阀或抬起一个安全阀。⑧锅炉停炉后，应在蒸汽、给水、排污等管路中装置隔板。隔板的厚度应保证不致被蒸汽和给水管道内的压力以及其他锅炉的排污压力顶开，保证与其他运行中的锅炉可靠隔绝。在此之前，不得有人进入锅炉内工作。停炉放水后，应及时清除水垢泥渣，以免水垢冷却后变干变硬，清除困难。停炉冷却后，还应及时清除各受热面上的积灰和烟尘。

2. 紧急停炉的操作

紧急停炉是锅炉发生事故或出现事故苗头，有可能危及人身与设备安全时采取的紧急处理措施，紧急停炉也叫事故停炉。其操作要求是：①停止给煤，停止进风，关闭全部通风门，减少引风。②将炉排上的燃煤迅速排入灰斗或扒出；链条炉排上的燃煤转入灰斗后，应继续转动炉排，也可用沙土或湿炉灰将燃烧煤压灭。排入灰斗内的煤可用水浇灭，但禁止向炉膛内浇水灭火。③打开各风室小风门，关闭引风机，使锅炉自然通风。④继续转动炉排，直至炉排冷却为止。⑤关闭锅炉主蒸汽阀，将锅炉与蒸汽母管隔绝，抬起安全阀或开启放汽阀排汽。⑥锅炉因严重缺水而紧急停炉时，严禁向锅炉进水，以防止因缺水而过热的受热面遇水冷却，产生急剧的应力变化，造成更大事故，并不得开启放空阀或提升安全阀等排汽。⑦不是因严重缺水而需紧急停炉的，仍可向锅炉内上水，以维持锅炉水位。⑧锅炉因满水而紧急停炉时，应立即停止给水，并开启排污阀放水，使水位适当降低。同时，开启主汽管、分汽缸和蒸汽母管等处的疏水阀，防止蒸汽大量带水和管内发生水击。

二、链条炉排的常见故障及其排除

（一）炉排故障的一般现象

（1）炉排断续停止或完全停止转动。

（2）变速箱或炉排在运转中发出不正常的响声。

（3）炉排保险销子折断或保险弹簧跳动。

（4）炉排电机的电流表读数增大，甚至保险丝熔断。

（二）炉排故障的一般原因

（1）炉排两侧的链条调整螺丝调整不当，造成左右两侧链条长短不一，影响炉排前后轴的平行，使炉排跑偏，有碍炉排的正常运转，严重时会卡住或拉断炉排。

（2）链条与链轮链齿吻合不良，从而加快链齿的磨损，严重时便会影响炉排的正常转动。

（3）炉排的框架横梁发生弯曲，使两侧链条的间距发生变化，从而导致链条与链齿接触不良，影响炉排的正常转动。

（4）炉排两侧链条被煤中的金属、杂物卡住。

（5）链条销子或链带销子脱落。

（6）两侧防焦箱护板与端炉排面的间隙过小，或紧紧接触，摩擦力过大，而使炉排卡住。

（7）边条或炉排片脱落卡住炉排。

（8）炉排片折断，一端露出炉面，当行至挡渣板处有时被挡渣板尖端阻挡。

（9）有时炉排片一整段脱落，当行至挡渣板处时使挡渣板尖端下沉顶住炉排。

（10）有的链子过长，与链轮吻合不良，链子卷在齿尖上，也会使炉排卡住。

（11）炉排片组装时片与片紧贴在一起，可能产生起拱现象，也会影响炉排的正常转动。

（三）炉排故障的处理

一旦发现炉排卡住，应立即切断电源，停止炉排转动，然后用专用扳手将炉排倒转一段距离（一般倒转 2 ~ 3 组炉排），根据炉排倒转时用力的大小可判断炉排卡住的轻重程度。如果在倒转炉排时用力不大，又无其他异常情况可启动炉排；如不再卡住，且炉排电机工作电流正常，可继续运行或观察一段时间运行。如果炉排启动后仍然被卡住，则应再次倒转炉排一段距离，并检查运转情况，如确认炉排没有卡住，要进一步检查传动机构，特别是安全保险弹簧的压紧程度，必要时可适当拧紧，然后再次启动。

小型锅炉链条炉排故障必须停炉检修时，可采用人工加煤的方法，维持一段时间运行，并通知用汽部门，同时做好停炉检修准备。

如果是挡渣板处堆积大块焦渣卡住灰斗，可从看火门处伸入撬火棍打碎焦渣。如果这样做还不能恢复正常运行，则应停止炉排进行抢修。若由于炉排变速箱发生故障而使炉排停转，这时应先压火，然后进行检查，必要时，进行停炉修复。

第三节 往复推动炉排锅炉的运行与故障排除

往复推动炉排锅炉的运行包括点火、燃烧调整和停炉保护等操作，它与链条炉基本相同，其不同点分述于下。

一、往复推动炉排锅炉的运行特点

往复推动炉排锅炉燃烧的煤种比较广泛，它最适合燃烧中度烟煤，煤粒直径不宜超过 40mm，0mm ~ 5mm 的煤粒不宜大于 30%。在正常燃烧时，煤层厚度一般为 120mm ~ 160mm，炉膛温度 1100℃ ~ 1300℃，炉膛负压为 9.8 ~ 29.4Pa。对各风室小风门的开度要求是：第一风室小风门微开，如果风室之间串风，或者新煤离开煤闸门还没有着火，此风门可不开。随着炉排的不断推进，新煤吸收炉膛的热量燃烧，这时所需要的空气量逐渐增加。在正常燃烧时，第二风室的小风门开二分之一至三分之二，第三风室的小风门全开，第四风室小风门开二分之一，第五风室小风门小量开。当炉排上燃烧层燃烧中心改变时，为了适应燃烧，各风室的小风门的开度也应随之改变。拨火、单火床打渣时，应关小总风门或关小各风室小风门，防止炉膛正压喷火伤人。无特殊情况时，应尽量避免在炉膛前部或中部拨火。不许把炉排后部未燃尽的燃烧层全部拨向前拱之下，使后部炉排赤裸裸地暴露在高温火焰之下，这样会加速炉排片的损坏。

往复推动炉排的推煤杆行程一般为 60mm ~ 80mm。为了适应燃料燃烧的特性和负荷变化的需要，推煤的行程还可调大或调小，每次推煤时间不宜超过 30 秒。如果推煤行程过长，推煤时间过久，容易造成新煤断火；反之，又容易造成炉排后部无红火，使蒸发量下降。因此，在具体操作时，要针对不同的煤种进行适当的调整。例如：对于发热量较低又难于着火的煤，要保持较厚的煤层，缓慢推动炉排，使燃料在炉排上有较长的燃烧时间，同时还要求风室保持较大的风压；对于灰分多和容易结渣的煤，煤层可适当调薄，为了保持蒸发量，稳定燃烧，必须增加推煤次数，即每次推煤时间要短；对于灰分少的煤，煤层可适当调厚，这样可避免炉排后部灰渣层过薄而造成漏风；对于高挥发分的烟煤，为了延长其着火准备时间，在进入煤斗前必须适当掺水。煤中含水量以 8% ~ 10% 为宜，这样既可防止煤在煤闸板下着火，烧坏煤闸板，又不会在煤斗内"搭桥"堵塞。

二、往复炉排锅炉的运行

（一）点火与停炉

往复推动炉排炉点火前，煤斗应加足煤，调整煤闸门的高度，把煤层厚度调至 30mm ~ 40mm；然后启动推煤机，使新煤离开煤闸门 500mm ~ 800mm 即停止炉排的转动。在炉排的其余部分铺一层细煤灰（50mm ~ 60mm 厚）以防漏风。点火时，先把引火柴（或用其他锅炉正在燃烧的红炭）由点火门处投入新煤层之上。当新煤层着火后，适当开启第一风室小风门，待燃烧比较旺盛、前拱已被加热之后开启推煤机，把煤闸板调高到 80mm ~ 120mm，随着燃烧向后移动的情况，逐渐调整二、三、四、五风室的小风门的开度，凡是没红火的炉排面上，都不要送风，同时注意推煤不得过快，以防断火。停炉一般只需停止推煤和送风即可。

（二）运行调节

1. 正常燃烧与负荷的调节

所谓正常燃烧，即煤层在炉排上进行预热、着火、燃烧、燃尽的整个过程是连续进行的。要维持这一燃烧过程，关键在于炉膛要有较高的温度（1100℃ ~ 1300℃）。要达到这一点，除炉膛设计应合理外，在运行中还必须注意以下几点：①要因煤制宜，合理地调整煤层厚度；②根据锅炉负荷和炉膛各区域火焰的颜色，正确调整各风室小风门的开度；③烧满炉火，即炉排有效面积上要有四分之三的红火。为了适应负荷的变化，特别是满负荷或超负荷运行时，要求新煤层离开煤闸板 150mm 开始着火燃烧。接近挡渣板 300mm ~ 500mm 处要基本燃尽；④燃烧灰分小的烟煤时灰渣层较薄，在炉排的尾部最易出现漏风。遇有这种情况要采取相应的措施：一是把煤层适当调厚；二是用细煤灰覆盖漏风处，或平火床、堵火孔，以确保燃烧层的正常燃烧；⑤由于燃烧调节不当或负荷急剧减少、煤质改变（煤的挥发分低，不易着火），燃烧中心后移，燃烧层会在挡渣板处继续燃烧。若遇有这种情况，一是应降低炉排速度，或短时停止炉排移动；二是调小前几个风室的小风门，开大第五风室小风门，短时期内强化燃烧，然后即恢复到原来的位置；⑥负荷的调节主要通过调节送风量和给煤量。送风量的调节主要是控制总风门或各风室小风门的开度；给煤量主要是调节推煤电机的开停时间，以增加或减少推煤次数。调整煤层的厚度不是作为调整给煤量的主要措施，只有当煤层厚度与锅炉负荷很不适应时才调整煤层厚度。锅炉负荷较低，送煤量较少时应减少送风量，不使主燃区的燃煤过早燃尽。

2. 燃烧调整与煤种和负荷的关系

燃烧不同性质的煤应采用不同的操作方法。对于难着火的煤要保持较厚的煤层（100mm ~ 140mm），推煤要慢，风压要大，促使火焰向前卷，从而提高前拱的温度，保证新煤提前着火。对于易结渣的煤，煤层厚度可以适当调薄。为了适应负荷的变化，可增加推煤次数，但每次的推煤时间不要过长，这样做的目的是防止燃烧层结成整块，影响通风和燃烧。对于灰分少的煤，煤层要适当调厚，这是为了避免炉排后部因渣层太薄而造成大量漏风。燃烧强黏结性的煤时，要不断地总结经验，不断地优选几种煤的掺烧比例，防止炉排上整块结渣，有利于通风和完全燃烧。

3. 对燃煤颗粒的要求

为了减少灰渣中的含碳量，链条炉、往复炉对煤的颗粒有比较严格的要求。煤粒不宜太粗，且颗粒要求均匀，有条件时最好经过筛分。入炉煤的最大颗粒以不超过 40mm 为宜，0mm ~ 2mm 的碎煤一般不直接入炉燃烧，但可加工成型煤入炉燃烧。煤块与碎煤在同样煤层厚度时通风阻力不一样。煤的颗粒粗且均匀，通风阻力小，煤层可适当调厚；粉煤多，通风阻力大，煤层要调薄。为了燃烧充分，要尽可能减少翻灰次数，避免正在燃烧的焦炭与灰渣混合，影响燃料的燃烧与燃尽。要保持余燃还有一定的温度，使灰渣中残存的焦炭继续燃烧和燃尽。当灰渣在余燃区积得较厚时，可根据燃烧情况，适当调节第五风室小风门的开度，加快残存焦炭的燃尽。

4. 运行中必须注意的几个问题

为了提高消烟效果，除保证有较高的炉膛温度外，还应注意一次推煤时间不要太长，最好做到少推、勤推。往复炉排的行程一般为（35mm ~ 50mm），每次推煤时间不宜超过30s，如果炉排行程过长，推煤时间过快，容易造成断火；反之容易造成炉排后部无火。因此在具体操作时，要针对不同的煤种适当调整。

正常燃烧时，第一风室的风压要调小，适当调大二、三风室的风压，保持炉排上满床火，燃烧中心的火焰颜色为麦黄色不透明。拨火或碎渣时，应适当调节总风门或各风室的小风门的开度。应避免在炉膛前部和中部拨火，也不许在火床上用人工投煤。对于高挥发分的烟煤，为了延长其着火准备时间，在进入煤斗前应均匀掺水，煤中含水量以10% ~ 12%为宜，这样既可防止在煤闸板下面着火烧坏闸板，又不会在煤斗内"搭桥"堵塞。

压火时应先停止送风，后停止引风，并根据压火时间的长短适当调节煤层的厚度。压火时间长，压火煤层可调至180mm；开启推煤机进煤，使新煤离开煤间闸板0.5m ~ 0.8m停止推煤。压火时间短，不需调节煤层厚度；进煤完毕，关闭烟、风调节门即可。在刚停风时，为防止炉排温度迅速升高，可将清灰门打开，进行自然通风、待炉温下降后再关闭灰门。扬火时，为防止冒黑烟，先应以自然通风养火，待炉温慢慢升高后再逐渐开大引风和鼓风。

减速机构（即炉排变速箱）要经常检查，定期加油，保证传动部分润滑良好，冷却畅通。要定时清除各风室、灰坑内的漏煤、漏灰，以免影响送风和炉排的正常运转。为了提高运行效果，应结合本单位使用往复推动炉排锅炉的具体情况，摸索运行规律，总结经验，制订必要的操作规程，使之达到安全经济运行。

三、运行中常见故障及其排除

（一）燃烧不良

燃烧不良，烟囱冒黑烟，其主要原因是：①炉膛过高（即炉膛热强度偏低），炉膛温度偏低。②炉膛烟气出口位置设计不合理，如烟气出口位置布置在炉顶、侧部、后上部，或离火面较远等。③小风门的开度调整不当。第一风室小风门开启过大，而第二、三风室的小风门开启过小，风量不足。④炉排的中、后部结渣，阻碍通风，燃烧层因缺乏空气而燃烧不完全，造成两个不完全燃烧损失增加。⑤推煤太快，或烧优质烟煤时风煤配比不当。⑥煤层薄，在拨渣时没有把风压降低，结果把炉排上的飞灰吹起，而炉内又没有采取飞灰沉积措施。⑦由于刚起火，炉排尾部有大量的短路风进入炉膛，或因炉膛两侧水冷壁管布置得过多等原因，造成炉膛温度过低，不利于可燃气体的燃尽。⑧司炉操作人员调节不当，当负荷突然增加时，为了适应负荷的变化而采用人工在炉排中部大量投煤，从而导致黑烟的产生。

与以上问题相对应的消除黑烟的主要措施如下：①大修时降低炉膛高度，合理地控制炉膛热强度。对于不容易着火的煤，如果含的碎末又比较多，炉膛热强度可选小一些。②更改烟气出口至炉膛后下方，或增加隔墙、炉排，提高炉膛温度，加速可燃气体的燃烧和燃尽。③降低一风室风量，提高二、三风室风量。④注意检查，及时拨渣，平整火床。⑤减低推煤速度，或在炉膛两侧加装二次风，使可燃气体与空气良好地混合。⑥加厚煤层，拨渣、单火床时，关小风门，并在炉内采取遮挡、分离等飞灰沉降措施。⑦在正常燃烧时，特别是带满负荷时，炉排上应经常保持满炉火，减少炉排尾部漏风。若炉膛温度偏低，可适当减少炉内辐射受热面以提高炉膛温度。⑧在一般情况下，禁止在炉排中、后部采用人工投煤。

（二）炉排烧坏

炉排烧坏一般有以下原因：①燃烧强结焦的优质烟煤。②高温区炉排通风不良。③燃烧调节不当，使炉内长期处于正压燃烧。④炉排下各风室积灰过多，严重妨碍通风和炉排散热。⑤炉拱反射太强，在这个区域内燃烧层温度高，一旦传递到炉排，会使之烧坏。⑥炉排活动时间太短或炉排停留时间太长。⑦违章操作，有时为了在短时间降低负荷，在炉膛高温的情况下突然停风。⑧风室太矮、太小，影响炉排的散热和通风，从而加速炉排的烧损。⑨炉排铸件材质不良或选材不当。⑩炉排缝隙被熔渣堵塞，得不到空气对其冷却。⑪压火时间过长，次数过多。⑫燃烧层出现火口，在火口处的炉排暴露在高温火焰下，如果这一部位通风又不好，则炉排很可能烧坏。

防止炉排烧坏的措施如下：①优质煤应合理地掺烧次质煤或劣质煤，也可掺烧弱结焦的煤。在运行中注意拨渣，合理控制第五风室（最末一个风室）的风量。防止燃烧层结成大块焦渣，影响通风，烧坏炉排。②在高温区要安装有缝炉排，要合理调整炉排片之间的间隙，在高温区要加大进风量，并改变进风口直接吹到高温区。③加强运行管理，在无特殊情况下，炉膛不准正压燃烧。④及时清除炉排下风室的积灰，必要时查出漏灰的原因并予以消除。⑤合理地改造反射拱，正确确定反射拱的长度、拱的始端和终端的高度以及拱的结构型式等。⑥调小推煤杆往复行程，降低速度，使炉排停留时间尽量短一些。⑦避免在炉膛高温时停风，如确因负荷变化需要，也只能逐渐减少送风直到停风。停风后，应立即进行自然通风。⑧如因风室太矮、太小而使炉排损坏，可改大风室。⑨选用合格的材质或采用耐热铸铁炉排。⑩根据炉排通风情况，及时清除炉排间隙中的熔渣。⑪压火时间不宜太长，压火时，要有微量的风通过炉排。⑫加强运行中的检查，根据炉排燃烧层的分布不均匀性，及时做到平火床，堵火孔。

（三）断火（炉排前部推下的新煤不接火）

产生断火的原因：①炉膛设计不合理。如炉拱的结构型式、几何尺寸不适应所燃烧的煤质；炉膛布置水冷壁管过多，吸热太强，炉膛温度低，影响燃料的着火和燃烧。②推煤速度太快。③炉墙不严密，大量冷空气进入炉膛，降低炉膛温度，影响燃烧。④运行时煤层调得太薄，或者燃烧灰分少的煤时形成的灰渣很薄，大量的空气从灰渣缝隙中进入炉膛，而燃烧中心又空气不足，从而破坏了正常的燃烧。⑤炉膛负压太大，炉温降低，不利于燃料的燃烧与燃尽。⑥燃料未经筛分，下煤斗口被大块煤、石卡住，或因煤中含水率过高，容易产生棚煤现象，也会造成燃烧中断。⑦各风室小风门的开度调整不当，应开大的而未开大，应关小的又未关小，致使燃烧极不正常。⑧负荷不稳定，炉排速度时快时慢。⑨煤的水分高，接火时间延长。⑩燃烧无烟煤，挥发分低，着火温度高，难于接火。

防止断火的技术措施如下：①加强对燃烧的调节，正确地调整推煤速度。②注意观察火焰颜色，合理送风并切实采取措施，消除漏风。③根据负荷和煤质的情况，及时而又合理地调节煤层的厚度。④根据燃烧情况，及时调节烟道挡板或引风门的开度，使炉膛负压保持在 9.8 ~ 29.4Pa。⑤及时选出煤中的大块矸石，采用机械和人工破碎大块煤，防止煤斗口出现棚煤现象。⑥根据燃烧情况，正确而又及时地调节各风室小风门的开度。⑦掌握负荷变化规律，及时调整燃烧。⑧防止雨水使煤中水分过大。⑨加厚煤层，加大送风，调慢推煤速度。合理地改造前、后拱，使高温烟气由后拱导向前拱，使前拱的温度提高。

（四）炉膛扑火（喷火）

喷火的原因主要是炉膛正压运行引起，下面是具体原因分析：①烟道截面太小，烟气阻力增大。②鼓风与引风调节不当，如送风量大于引风量。③烟道内大量积灰，烟道截面相对减少，烟气阻力增加。④炉墙周围耐火砖塌落，灰缝开裂，烟道结合处不严密，落灰斗、放渣门关闭不严或未关，炉排尾部渣层太薄等，大量冷空气串入炉膛或烟道。⑤烟囱太矮，抽力不足。⑥空气预热器管内被烟尘或灰垢堵塞。⑦带鳍片省煤器被灰垢堵塞。⑧引风机皮带松动，叶轮转速减慢，出口风压降低。⑨引风机叶轮严重磨损。⑩除尘器内被积灰堵塞。⑪火床上出现火口（穿孔），送风短路。

防止锅炉扑火的技术措施：①加大烟道截面，减少烟气流动阻力。②合理调整鼓风和引风的比例，正确控制炉膛负压在 19.6 ~ 29.4Pa 之间。③定期清除烟道内的积灰。④加强管理，定期检查和检修，及时解决炉墙、烟道以及各门、孔的漏风。⑤检查烟囱与烟道结合处的严密性，及时堵住漏风，适当加高烟囱，或更换引风机。⑥定期清除空气预热器管内的烟垢或灰垢。⑦加强管理，定期对省煤器进行吹灰。⑧在运行中，加强对引风机传动皮带的检查，如发现皮带松动打滑，及时对其调整或换新。⑨经检查确认风机叶轮严重磨损后，停炉检修或更新。⑩定期清除除尘器内部的积灰。⑪锅炉运行中，要经常检查燃烧情况，发现火床上出现火口，应及时平火床，堵火孔，防止空气短路串入炉膛。

（五）燃烧不均匀

燃烧不均匀的常见原因如下：①炉排两侧间隙过大使大量空气由此进入炉膛，炉排两侧的碎煤被扬起落在炉排中间，使炉排中间的燃烧层加厚，空气流过燃烧层的阻力增大。②进风口截面积小，风速高，细小的灰粒或焦粒被扬起，使炉排上燃烧层出现火口。同时被扬起的灰粒或焦粒覆盖在其他燃烧层上，增加通风阻力，造成了燃烧不均匀。③煤闸门两端升、降不均匀，造成炉排上煤层厚度不一。另外，煤的颗粒大小悬殊过大，细颗粒的煤容易被送风扬起形成火口，大块的煤压在炉排上，妨碍了通风。④大块的煤一般都会滚落在炉排的两侧，由于大块煤之间间隙大，大量的空气由此进入炉膛，而其他地方却空气不足。

解决燃烧不均匀的措施如下：①在左右集箱靠火焰侧炉排焊接扁铁护

板，两侧边炉排为无缝炉排。②加大进风口截面积，在风口处加导向挡板。③调平煤闸板，选出大块煤，或把大块煤按燃烧要求破碎。④改变提煤斗倒煤位置或加装挡板，防止大块煤集中滑落到炉排两侧。

第四节 沸腾炉的运行与常见故障

一、沸腾燃烧锅炉运行前的冷态试验

沸腾料层的冷态试验，是在锅炉本体及送风设备等安装完毕后，在锅炉点火运行前，对送风系统、布风设备和沸腾料层进行试验。

（一）冷态试验的目的和步骤

沸腾燃烧锅炉冷态试验的目的是：①鉴定送风机风量和风压是否与铭牌相符；标定鼓风风量表；核定鼓、引风风量及风压是否能满足沸腾燃烧锅炉正常运行的要求。②检查布风装置配风是否均匀，沸腾时有无死料层；对于密孔板沸腾燃烧锅炉还要优选各风室风门调节挡板的最佳位置。③测定布风板阻力及料层阻力；绘制布风板阻力和料层阻力随风量变化的特性曲线（即冷态特性曲线），进一步确定冷态临界风量及热态运行的最小风量。

冷态试验的结果是沸腾燃烧锅炉运行的基础，用以制定沸腾锅炉有关运行指标，因此应严肃认真地做好试验工作。其步骤如下：①编制好试验计划，做好试验的组织工作。试验前及试验中应向参加试验人员说明试验的意义、目的和要求，确定岗位责任制，分工负责，统一指挥。②清扫现场，特别是要清扫炉膛及烟风道。对于风帽小眼及密孔板小眼应逐个进行检查，做到无堵塞。所有传动设备附近及主要通道内的杂物一律要搬迁，清扫干净。③准备好料层阻力试验的底料，如0mm～8mm粒度的灰渣，最好是沸腾燃烧锅炉的灰渣作底料，其中的焦块杂物应清除出去。若没有溢流渣时，可用燃用的煤种作底料。但应注意，底料含碳量不得超过10%～15%。为此，可掺和一定数量的黄砂粒，并取样测定底料的比重。④检查各种测量仪表、工具是否处于良好的准备状态，测风压的信号传送管道应疏通、且严密、不漏气；各种仪表的零位要校对好。⑤开动鼓、引风机，检查风道、风室是否严密；对于所有漏风点应予堵塞。检查各调节门的挡板、开关是否灵活、可靠。对于远方操作仪表及设备，应检查操作控制是否灵活、准确。检查各种电动

机的电流、电压等电气仪表是否符合要求。一切符合要求后，进行冷态试验。

（二）布风板均匀性的检查

布风板（或密孔板）布风的均匀性是关系到沸腾燃烧锅炉能否投入正常运行的关键问题之一，检查布风板均匀性的方法是，在布风板上放上一定厚度（300mm～500mm）的底料，用耙子拨平。沸腾均匀性的检查方法有两种：一是启动送风机，把料层沸腾起来，然后快速把送风机停下来，若床内料层平整如面，则表示布风是均匀的；若发现某处料层高低不平，则说明布风不均匀，高处表明风量小，低处表明风量大，应该分析其原因，看局部风帽小孔是否堵塞。另一种检查方法是：测定人赤着脚带上防尘面具，进到沸腾的料层中走动，当沸腾较好时，人在沸腾的料层中走动会感觉像下大雨在河中淌水一样，有一种浮举的感觉，无明显阻力；如果局部地区料层沸腾不起来——"死料"，人在料层中走动，死料会很快散开，但当脚离开时，死料又会重新出现。如果在送风机已经开到设计的最大风量，而沸腾层中特别在四角处仍有明显的"死料"时，说明布风不均匀，应将风帽小孔开大。

检查布风板均匀性时底料不能太薄，以免引起吹穿或吹空。即使不吹空，由于料层阻力太小，布风板上的气流容易形成涡流而影响布风均匀性检查。

有的单位在检查布风均匀性时采取突然停风，例如用挡板闸门关闭或用塑料薄膜急速盖住鼓风机吸风口等。这样做的结果，沸腾床内总是起伏不平，不论做多少次试验、对布风系统进行几次改正，结果还是如此。这是因为，突然停风在风道、风室中容易形成压力分布不均匀，产生涡流，使料层起伏不平。

当发现有布风不均匀现象时应检查其原因。首先用铁耙在床内探测情况，当风量开大到床内料层微微沸腾时，看看什么地方有"死料"，用耙子拨动之后是否还存在"死料"。一般说来，若四周炉墙处及冷渣管口处有"死料"，应检查这些地方的风帽开孔是否符合设计要求。假如风帽的布置及其开孔准确无误，则应考虑是风室结构不合理，应予改进。通常，风室结构不合理时，当停下鼓风机后床内起伏严重，且波及床面的大部分地区。

对于密孔板布风均匀性的调节是通过对各风室风门的调节来实现的。由于密孔板由前向后倾斜布置，因此也要求炉前风室风门大，风量多，逐次向炉后各风室递减。各风室下面的总风室结构对密孔板均匀性也有影响，检查时，不能排除这一因素。

（三）沸腾燃烧时最低运行风量的确定

最低运行风量是限制沸腾燃烧锅炉低负荷运行的下限，即低于此风量就可能结渣。这个最低风量与灰渣的颗粒大小、灰渣颗粒的重度及料层的堆积孔隙率等有关。影响沸腾临界风量的物理因素有：①料层堆积高度对沸腾临界流速有一些影响，但不很大；②料层的平均颗粒直径增大时，沸腾临界流量增加；③料层中颗粒的重度增大时，沸腾临界流量增大；④料层的堆积空隙率增大时，沸腾临界流量增大；⑤流体的运动粘度增高时，沸腾临界流量减小；沸腾层的温度增高时，沸腾临界流量也减小。沸腾燃烧最低运行风量，可通过冷态试验确定。

二、沸腾炉的运行

（一）点火操作

在沸腾燃烧锅炉发展的初期，由于对沸腾燃烧的特有规律认识不足，往往沿用其他燃烧方式的操作方法，致使有的沸腾燃烧锅炉安装后，点火多次失败，有的沸腾炉长期搁置。随着沸腾燃烧锅炉技术的不断发展，现在这一难关已被攻破，新建的沸腾燃烧锅炉都能顺利地渡过点火操作而投入运行。对于汽、水系统和烟风系统的操作与其他炉型相仿。

沸腾床的点火操作方法归纳起来有两种：一是由固定床过渡到沸腾床的点火操作；二是直接进行沸腾床的点火操作。无论选用哪一种操作，都必须掌握沸腾燃烧的特点，其基本操作要点有两条：一是把底料逐步均匀地加热到着火温度；二是一旦着火、燃烧剧烈进行，要严防超温结渣，以顺利过渡到正常运行。因此要求点火用的底料含碳量不能太高。

1. 从固定床过渡到沸腾床的点火操作

从固定床过渡到沸腾床的点火操作是目前常用的点火操作方法，它分为如下三个阶段：

（1）准备工作阶段

①按照一般锅炉的运行规程，对锅炉的汽水、烟风、上煤、除尘、出渣系统，以及仪表、电器等各方面进行检查，要求所有的设备、附件、仪表等都处于良好的备用状态。

②准备底料。应严格控制底料的含碳量不超过 10% ~ 15%；底料的颗

粒度应控制在设计要求允许的范围内；要清除底料的渣块及铁件等杂物。将准备好的底料平铺在沸腾床内，料层厚度可控制在 300mm ～ 350mm 以内。

③备引火物。常用的引火物有木柴、木炭茶壳以及颗粒符合要求的优质烟煤（又叫引子烟煤）。引火木柴不能太长，一般应在 800mm 以下，直径不超过 100mm。引火物中严禁夹带铁件等杂物。

④准备工具。常用的操作工具有二齿或三齿耙、铁钎及铁锹等。铁耙与铁钎的长度应大于沸腾床深度的 1.5 ～ 2 倍。此外，还应准备好必要的防护用品，如手套、毛巾及工作服等。

（2）加热底料阶段

这一阶段又叫作烧制红炭火层阶段。其目的是：加热底料，使其温度达到 150℃ 左右；加热炉墙及锅炉金属部件，在加热过程中，升温要缓慢，使其受热均匀；准备足够的红炭火层，以使引火烟煤被引燃，并在沸腾状态时维持床层温度逐渐上升。为此，红炭火层厚度应有 80mm ～ 120mm，引燃时间大约需要 40 分钟至一个半小时。

将木柴或木炭置于已铺好的底料上引燃，不启动鼓引风机，但应把引风机调节门打开，使其自然通风。为了避免炉墙和受热面金属升温过快，火势应由小到大缓慢进行。在维持一段小火之后，为了加快制备红炭火层的时间，可以关闭引风机调节门，启动引风机，然后微开引风机调节门。红炭火层形成之后，应清除未燃尽的木块，扒平之后，撒上一层很薄的引子烟煤，其厚度为 5mm ～ 10mm 为宜。

（3）启动阶段

这一阶段是点火成功与否的关键，应掌握其规律，细心操作。这一阶段约进行 10 ～ 20min 即可完成。启动前应关闭鼓、引风机调节风门，操作人员应就位，做好启动前的准备工作。

启动分三步进行。第一步是启动引风机及鼓风机，逐步微开引、鼓风机的调节风门。这时，炉内明火消失而转暗，随着风量的逐步微量增加，炉内火色逐步由暗转为暗中带红，当炉膛出现红绸飘舞状的红色火浪时，炉温由 150℃ 逐步上升至 400℃ ～ 450℃。这一步的关键是调风要微量进行，炉温的上升要控制缓慢。在刚开始微开鼓风调节风门时，一定要做到微开，否则风量过大，红炭火有可能被翻起的炉料覆灭，而且，鼓风较大时进入的冷风过多，还会使床内的热量被引风带走，使炉膛温度降低，致使引火烟煤无法着火。有的鼓风机调节风门关闭不严，难于实现启动时的微调风量的要求，这时可事先准备好木板、白铁皮或塑料薄膜等物品，把鼓风机风门盖住，然后进行微调。有时因微调不当，会出现局部沟流现象，床层的局部地方有韭菜样的火舌喷出，这是局部高温结渣的象征，应及时用耙子在这区域内进行疏通，遇有渣块，及时钩出，消灭韭菜样的火舌。有时也可能会出现风量过大而把红炭覆灭，这时可在料层上撒少量的引子烟煤，关闭鼓风机调节门及炉门，"闷"一下火，然后再启动。撒引子烟煤时应少而均匀，切忌大铲大铲地撒引子烟煤。在这一操作过程中，主要的危险倾向是熄火及局部结渣，必须采取微调风量及用耙子疏通料层予以防止。在这一步工作完成后，床内料层已经沸腾。

第二步是由床内微微沸腾到即将投煤阶段。这时床内由暗红色转为橘红色，炉温由400℃上升到700℃~800℃，而且时间很短，约2~3分钟。这一步的操作特点：一是加风要果断，要快；二是投引子烟煤要少而勤。当炉温达到700℃~800℃时，风量应控制在正常运行风量的60%~70%。为了防止床内出现没有沸腾的"死块"，可用耙手使床内前后左右疏通，若有渣块，亦应及时钩出；若发现床层没有沸腾，应及时加风直至整个床层沸腾为止。这时维持床内温度逐步上升的热量，主要是引子烟煤燃烧所放出的热量，也有部分热量来自底料中炭的燃烧，但总的来说床内的热量是有限的，因此加风要果断、要快。但加风过大、过快有可能造成床温下降而熄火，这时又需进行"闷火"处理。一般说来，温度下降时，适当减少风量仍可使床温上升。

当床温上升到700℃~800℃时，就可进行第三步操作，即启动给煤机向炉内投煤。投煤量应由小到大，刚投煤时投煤量应控制为运行时正常给煤量的1/3~1/2。同时，加大鼓风，使鼓风量迅速加大到最低运行风量。第三步操作的中心任务：一是防止床温超温而结渣；二是加厚料层转入正常运行。投煤机投煤之后即可关闭炉门。为了防止超温结渣，鼓风量应稍超前于给煤量所需要的风量。当炉温由700℃~800℃逐步上升到800℃~850℃，并在850℃~900℃时上升极为缓慢或有停止炉温上升倾向时，即为正常状态。若在850℃以后炉温上升仍然较快，特别是看到炉内火色由红转亮白色时，结渣的危险性很大，应立即采取减煤及加大风量等措施，使炉温稳定。有时为了降低炉温，也可向炉内投入适当的溢流灰渣或颗粒适宜的黄砂。为了加厚料层，只要沸腾质量良好，在达到所需的料层厚度之前不要放空渣。有时，发现床内有少量的小块渣，可在转入正常运行时放小量的冷渣，以便把小块渣排出。

值得注意的是，沸腾床的温度是通过热电偶温度计显示出来的，由于热电偶具有一定的惰性和偏差，因此在点火操作过程中，应密切注意床内火色的变化，而不能单纯地依靠热电偶温度计的指示。

由上可知，第一步与第三步操作控制炉温上升速度应缓慢进行，第二步操作温度上升较快；这两"慢""快"的规律及沸腾床点火操作过程的基本规律。因为在450℃以前，为了保证炉墙、金属构件能缓慢均匀地升温，升温不能快；在450℃～800℃期间，由于引子烟煤已着火燃烧，床层正处于固定床向沸腾床过渡，时间拉得太长易出现结渣现象，对点火操作不利。因此，只要床温上升倾向明显，应尽可能加快这一步的操作，使床温迅速上升到700℃～800℃以后，床温已具备着火燃烧条件，投入床内的煤能迅速着火燃烧，并能放出大量的热量，此时若配风不当，超温结渣的可能性很大，会使床温缓慢上升。

由固定床过渡到沸腾床的点火操作有各种各样的方法，但基本点是相同的。如"看火加风、看火加煤"，火色就是温度的象征，根据火色即炉温调节鼓风量及给煤量是可行的。

在点火操作过程中应维持溢流口的压力为零。若炉内出现正压，一方面将危及操作人员的安全，另一方面会使沸腾燃烧恶化，因为炉膛内的二氧化碳排不出去，氧气也就进不来，还会使锅炉房充满烟尘，影响环境。若炉门出现过大的负压，漏入的冷空气多，炉膛温度会因之下降，排烟损失增加，这样对沸腾燃烧也不利。

由于沸腾燃烧锅炉具有升压快的特点，因此在点火操作过程中应密切注视汽压的变化。有的沸腾燃烧锅炉是用其他锅炉改造而成的，蒸发量增加较大，因此也应密切注视水位的变化。

2. 直接沸腾状态的点火操作

（1）底料中需掺入一定数量的引子烟煤

溢流渣与引子烟煤之比约为 4 : 1，若引子烟煤数量太少则不能使床温升到稳定燃烧的温度，将会出现退出油枪之后而灭火的现象。当然，引子烟煤的数量也不宜太多，太多可能导致结渣。底料的厚度约 280mm ~ 350mm，底料的颗粒度应比设计用煤颗粒小，以控制点火时的临界沸腾风量在较低的水平。

（2）油枪要有足够的容量

试验初期曾使用容量较小的蒸汽雾化油枪，无法实现全床点火，改用容量较大的机械喷雾油枪之后则可实现全床点火启动。

（3）沸腾风量的大小对沸腾状态的点火关系很大

风量太大，易把油燃烧放出的热量带走，使炉膛温度降低，从而床层温度也随之降低，不利于燃料的着火和燃烧。因此沸腾状态点火时，沸腾风量应控制在冷态时最低沸腾风量。

3. 密孔板沸腾燃烧锅炉的点火操作

密孔板沸腾燃烧锅炉的点火操作与固定床点火操作类似，不同的是它可以不要先铺底料，而在空板状态下点燃引火柴，用不断加引子烟煤的办法逐步加厚料层。过渡到沸腾状态，启动给煤机给煤。

点火前必须堆好斜煤堆。用柴火加热炉子时斜煤堆的预热对点火启动有一定的作用，因此启动前需要一定的时间用于加热锅炉炉墙及各种金属部件，加热斜煤堆。

铺有底料时的点火方法与风帽式沸腾燃烧锅炉相同。

（二）沸腾炉的正常运行调节

1. 给煤量及鼓风量的调节

一般说来，沸腾燃烧锅炉在运行中，若所燃用的煤种及锅炉负荷均较稳定，且给煤机及烟、风系统没有发生什么故障，沸腾燃烧锅炉的给煤量及鼓风量即能稳定在一定范围之内，不需进行调节。

由于沸腾燃烧锅炉具有强化燃烧的特点，当影响沸腾床燃烧的某种因素发生变化时，即会引起沸腾床燃烧工况的变化，此时则需要对给煤量及鼓风量进行调节。

当锅炉负荷及燃用煤种比较稳定，有下述几种情况发生时，需要调节给煤量及鼓风量：①当系统电压不稳定，即低于或高于电动机额定工作电压时，会造成给煤机或鼓、引风机转速发生变化，破坏沸腾床的正常运行工况，此时需要调节给煤机、鼓风机及引风机，使给煤量及鼓风量仍能维持床层的正常运行。②当煤质的水分发生变化时，炉前煤斗会因煤的水分增加而产生棚煤，给煤机也会因煤的水分不同而使给煤量发生变化。这在运行中要特别注意，因为沸腾床的炉料含碳量很低，一般在中断给煤 1 ~ 1.5 分钟就会熄火。因此，运行人员应经常注意煤斗落煤及给煤机的运转是否正常。③因某种原因引起沸腾床温度变化，当超过允许的温度范围时，也可以用调节给煤量及鼓风量的方法使床温恢复到正常运行水平。这时对给煤量及鼓风量的调节应采取微调的办法，一般是固定给煤量，调节鼓风量较为经济合理。

对于负荷波动较大的沸腾燃烧锅炉，应根据负荷变化的情况对给煤量及鼓风量进行调节。这时，应特别加强生产调度部门与锅炉房的联系，运行人员根据生产调度部门下达的负荷变化通知书，按照事先准备好的调节方案进行操作。这对于提高沸腾燃烧锅炉运行经济性与安全性关系极大，因为沸腾燃烧锅炉用调节风、煤比的方法，可能调节的负荷量约为额定负荷25% ~ 40%，若在锅炉设计中没有考虑超过这一调节范围的负变化，将使沸腾燃烧锅炉难于运行。即使在沸腾燃烧锅炉允许调节的负荷范围内，若运行人员没有事先接到负荷变化通知，也有可能影响锅炉的安全和经济运行。

当煤种变化时，无疑要对给煤量及鼓风量进行调节。通常，对于不同煤矿所供的煤，首先要经过煤质化验，把化验的结果告诉司炉操作人员，使他们心中有数。对于同一煤矿的煤，其发热量也不一定一样，这就要求运行人员随时掌握沸腾床燃烧情况，及时调节给煤量及鼓风量。

2.沸腾床温度的调节

沸腾燃烧锅炉在运行中，若燃用的煤种及锅炉负荷均较稳定时，一般都可以使沸腾床的温度稳定在一定的范围内。

一般说来，为了保证沸腾床不发生结渣事故，要求沸腾床温度控制在煤的软化温度以下 50℃ ~ 100℃。从燃烧与传热的角度来看，只要煤的灰分熔点允许，沸腾床温度控制得高一点为好。运行时沸腾床温度控制范围，是由沸腾床热力计算确定的。

引起沸腾床温度变化的因素很多，主要有以下几种情况：①由于负荷变化引起床温的变化。一般而言，负荷减少，床温上升；反之，床温下降。②煤种的变化，或者给煤机因某种原因（如系统电压变化等）造成给煤量的变化，从而引起床温的变化。③鼓风量和引风量的变化引起床温的变化。引起鼓风量或引风量变化的因素很多，如系统电压变化使风机转速改变，调节风门失灵或故障使风量发生变化，料层厚度变化或烟风道阻力变化引起风量的变化，等等。④床内沸腾状况不良，如有大颗粒沉积等，引起床温的变化。

通常，由于负荷、煤质及给煤量变化时，沸腾床温度不会出现急剧的变化，而风量变化时则有可能使沸腾温度变化较快。

当出现沸腾床温度变化较快，并有超过控制范围的趋向时，应及时采取措施进行调整。常用的方法是调整风煤比例。可分三种情况：①固定风量，调整给煤量；②固定给煤量，调整风量；③同时调整给煤量与鼓风量。

一般情况下，当床温上升时，应减煤、加风；反之，应加煤、减风。对沸腾床温度进行调整时，首先应判断引起床温变化的原因，然后再采取调整措施。当床温上升时，可以先少量地减少给煤量，看看温度是否停止上升，汽压是否降低；若温度停止上升，汽压降低下来，说明是原先的风、煤比例不合适引起床温的升高，这时可以增大鼓风量，并把给煤量也相应加大一点，使汽压慢慢回升，维持床温在正常水平。当床温下降时，也可以少量地增加给煤量，使床温不再下降，然后根据汽压变化情况决定是否要重新调整风、煤比例。

对沸腾床温度进行调整时应特别仔细。由于热电偶具有惰性，不能只看温度计，还应观察炉内的火色，以减少误操作。

值得注意的是，当燃用的劣质煤及无烟煤时，由于无烟煤的着火温度较高，燃烧困难，按照上述原则对沸腾床温度进行调整时不仅不会获得满意的结果，相反会使床温继续向恶化方向发展。例如，床温下降，这时如果大量增加给煤量，由于加入的煤温度低，不能及时接火燃烧，反而因为多加了煤吸取了床内的热量致使床温下降更快。这时可采取短暂的大量减煤、减风方法使床温上升，然后再恢复到正常运行给煤量。同样，当床温上升时，欲降低床温，也可采用短暂大量加煤的方法，使床温下降。

3.风室压力的调节

风室压力为布风板阻力与料层阻力之和。通常，布风板阻力对于一定的风量是一个定值；有时也会因运行时间长，部分风帽小孔被堵塞，使布风板阻力增大，但增加的数值有限，且可通过定期检修来解决。料层阻力随料层厚度和煤粒的重度而变化，因此对风室压力进行调整就是控制合理的料层厚度，同时还应考虑煤粒的重度的变化。沸腾燃烧锅炉料层较厚，运行较为稳定，传热效率也高。但是，厚料层运行会增加鼓风机的电耗，更重要的是，鼓风机的工作点决定了料层厚度，不可能无限制地增加。

（三）停炉

1.暂时停炉

暂时停炉（又称热备用压火）的操作步骤如下：①停止给煤，待料层温度比正常温度降低50℃时，立即关闭送风门和送风机。关风门要快、要严，不可只停风机不关风门。②尽快将风门挡板、看火孔等关严，防止冷风窜入炉膛，减少料层散热损失。③压火后，最好在料层中装一温度计，以便监视料层的温度。压火时间的长短取决于料层温度降低的速度。④如果需要延长压火时间，可在烟煤料层温度不低于700℃、无烟煤料层温度不低于800℃时启动一次，使料层温度回升，然后再压水。

暂时停炉后的启动操作步骤如下：①当烧烟煤时料层温度不低于700℃，烧无烟煤时料层温度不低于800℃时，方可启动。②如果料层温度较低，应打开炉门，将料层中温度低的表层扒出，留下约300～400mm厚的料层，然后用小风量吹动，并适当加入烟煤屑引火，使料层温度很快升高。同时逐渐增加送风量，当送风量已高于正常运行的最低风量、料层温度高于800℃时，即可关闭炉门，开动给煤机，逐渐过渡到正常运行。③如果料层温度较高，可直接将送风量加到略高于运行时的最低风量，再开动给煤机，使炉温迅速升高，渐渐达到正常运行。

2.正常停炉

正常停炉操作与暂时停炉操作基本相同，只是在停止给煤机后仍可继续送风，直到料层中的煤基本烧完。待料层温度降到700℃以下时，再依次关闭送风门、送风机和引风机。

三、运行中常见故障及其预防

沸腾床在点火操作及正常运行中，可能出现结渣、冷渣管堵塞、埋管爆裂及溢流渣溢流不正常等现象，若不及时处理，会造成人身和设备安全事故，被迫停炉，影响生产，因此要注意防止故障的发生。

（一）沸腾床结渣

1. 低温结渣

发生在 600℃ 以前的点火操作的第一阶段和第二阶段。这时，沸腾床没有全部沸腾起来，由于料层较薄容易形成沟流现象，大量的空气从沟道中流出，给煤的燃烧创造了良好的条件，形成了局部高温区，喷出像韭菜样的火舌，超过了煤的灰分熔点，结成一块一块的渣。由于底料含碳量很低，沟道的周围仍是未燃烧的冷料，因此这种渣在冷却后观看，不紧密、很脆，其中粘有许多未熔的底料。一般说来，低温结渣都是局部的，可用耙子钩出，不严重时，可以继续操作。为了防止低温结渣，在点火操作中，用耙子不断疏通料层，一旦发现韭菜样的火舌，应及时疏通，清除渣块。

在点火操作中的低温阶段，还可能出现一种表面结渣现象，这也是一种低温结渣。这种渣是发生在底料颗粒分布不均匀、细小颗粒较多以及在引燃点火木柴时，由于红炭火及料层表面遇热比重较轻，当由固定床过渡到沸腾床的过程中，风量较小，将细小颗粒吹到料层表面，形成一种假沸腾现象（即表面沸腾），料层表面这些细小颗粒燃烧形成了表面高温而结渣。这种渣只有表面薄薄一层，可以用耙子钩出，仍可继续运行。为了避免出现这种结渣，底料粒度要适当，在操作中要用耙子不断疏通料层。

2. 高温结渣

发生在点火阶段，床温超过 600℃ 以上，投入引子烟煤以及开动给煤机投煤时，由于风、煤比配合不当而形成整个床层的高温，超过煤的灰分熔点，结成渣块。在正常运行中，也可能由于风、煤比不当，或者遇有大颗粒及杂物的沉积，破坏床层的良好沸腾状态而结渣。高温结渣的区域较大或整块结渣，渣块冷却后坚硬、结实。若高温结渣不严重，在点火时可以用耙子钩出；在运行中可以加大风量，降低床温，使渣块在床内沸腾磨碎，由冷渣管排出。一般说来，高温结渣都比较严重，需要停炉清渣。为了避免高温结渣，最重要的一点是掌握风、煤比。在点火时，要认真做到看火加风，看火加煤，投入引子烟煤要少而勤。在运行中要加强对沸腾床温度监视，控制好风、煤比。

（二）冷渣管堵塞

冷渣管堵塞是沸腾燃烧锅炉运行中较常遇到的现象，需要用力通穿。若遇有冷渣管布置位置不合理时，在通冷渣管的过程中容易发生事故；严重时，也会被迫停炉。冷渣管被堵塞原因有两种：一是冷渣管关闭不严，床内的空气从冷渣管漏出时，使冷渣管内沉积的可燃焦粒继续燃烧，形成高温，熔化冷渣，堵塞冷渣管；二是冷渣管管径设计太小，易被大渣块卡住而堵塞。

（三）埋管爆裂

由于沸腾床受热而易被磨损，若不定期检查，更换已被磨损的管子，在正常运行中可能会发生埋管爆裂事故，被迫停炉检修。埋管爆裂时，水位迅速下降，有蒸汽放出的响声，此时烟囱冒出白烟，炉温下降乃至熄火。

（四）溢流口溢流不正常

溢流渣量过大或过小，都是由于流口的高低不合适造成的。一般说来，煤种、运行料层厚度、运行风量等都影响溢流口高度。在运行中，应根据燃用的煤的比重、运行料层厚度及风量来确定溢流口高度。

第七章 节能监测概论及测量的基础知识

第一节 节能监测的相关基础概念

一、节能监测的定义和依据

（一）节能监测的定义

节能监测是指由政府授权的节能监测机构，依据国家有关节约能源的法规（或行业、地方的规定）和技术标准，对能源利用状况进行监督、检测，以及对浪费能源的行为提出处理意见等执法活动的总称。

从节能监测的定义可以看出，节能监测具有节能执法地位。节能监测在职能上分为两大部分，即监督（监察）和检测两个部分。

对国家、行业和地方颁发的各种节能法规、规章和标准的贯彻执行情况，节能监测机构要进行监督检查，这方面主要是针对各用能单位的能源管理（包括行政管理和技术管理）及（产品或工序）能耗指标而言的，涉及的技术问题较少。而对用能单位的各种用能环节和用能设备（包括能源分配输送、加工转换等）用能情况进行合理的评价，则要涉及较多的技术问题，一般必须通过对设备的现场运行情况进行实际测定，才能得出相应的结果。在当前情况下，由于我国各用能单位的设备总体水平较为落后，在现场实测过程中还需要使用节能监测机构所携带的临时性监测仪器仪表，同时，对其结果的判定也要按一定的技术标准进行。这些主要是检测职能的内容。

（二）节能监测的依据及要求

节能监测作为执法活动，必须依据节能法规和相关法规的规定进行，在技术方面则主要依据国家、行业和地方有关节能和节能监测的标准与技术规程进行。

1. 节能监测的依据

国务院从 1980 年以来先后颁发了大量的节能法规，特别是颁发了《节约能源管理暂行条例》，国务院各有关部门和地方政府也颁发了一系列的节能规章（包括节能监测规章），这些都是节能监测的法律依据，在节能监测中必须严格遵守执行。除了节能法律法规和规章外，节能监测还必须遵守执行相关的法律，如《标准化法》《计量法》和《统计法》等。

2. 节能监测的要求

各行业、各地区也颁发了一些标准、方法、规程及规定等技术性规范文件。节能监测必须根据其法律、法规、依据和技术依据进行，具体来说，包括以下内容：

（1）节能监测机构和节能监测人员的活动、行为必须合法，不能跨越法律、法规所规定的范畴，更不能进行随意性活动；

（2）所用监测手段必须合法，不能提出于法无据的要求和问题，计量器具和检测所用仪器、仪表必须经过计量检定，符合相关规定和要求，检测参数范围和项目必须和所检测设备相应的项目和参数范围相适应；

（3）使用的统计数据必须符合《中华人民共和国统计法》的规定，必要时应予以核实；

（4）现场检测过程、数据处理过程和结论评判，都必须严格执行国家、行业和地方的相应技术标准；

（5）监测程序要符合《节能监测规程》的有关规定。

节能管理、执法活动的主要依据是法律法规，这也是发生行政诉讼时人民法院进行审查的主要依据。国务院各部门和地方政府制定的规章也是节能监测的一种依据，同时也是人民法院审理行政诉讼案件的参考依据。而省级及以下人民政府各部门制定的一些规定、办法等则属于规范性文件，在人民法院审理行政诉讼案件时是不能作为法律依据的。因此，节能监测机构和监测人员在执行监测任务时，依据的法律、法规一定要正确，否则如果发生行政诉讼，败诉将在所难免。

（三）节能监测的目的和意义

节能监测的目的是保证节能法律、法规和节能技术标准的贯彻执行，以法律手段调节能源开发、输送、加工转换、分配和利用等各方面的关系，最终达到以最小的能源消耗取得最大的经济效益和社会效益的目标。

节能监测的意义在于促进社会和企业的节能工作。

二、节能监测机构

（一）节能监测机构及性质

节能监测是行政执法活动，节能监测机构是受政府委托进行行政执法活动的单位。节能监测机构的性质是很明确的，其地位和人员组成是有明确规定和具体要求的。

节能法律、法规调整的范围包括了从能源的勘探设计、开发生产到储存运输、消费利用、保护管理和节约等全过程及各个环节。

节能监测作为节能执法活动，自然也包括一切用能环节及与节能直接、间接有关的各个方面和各种行为。也就是说，节能监测的范围是庞大的、复杂的、广义的。所以，节能监测是一种技术性很强的节能执法工作，节能监测机构则是经政府授权进行具有很强技术性的行政执法活动的机构。

（二）节能监测机构的职责

1. 全国节能监测管理中心的主要职责

（1）组织编制全国节能监测计划要点，对各地区、各行业节能监测机构进行技术和业务指导；

（2）收集、整理全国节能监测资料，组织开展节能监测技术研究、开发、交流和培训；

（3）组织各省、自治区、直辖市和行业节能监测中心监测人员的业务考核工作；

（4）承担省、自治区、直辖市、行业节能监测中心纠纷的技术仲裁；

（5）负责向国家节能主管部门定期汇报全国节能监测情况并提出有关建议；

（6）参与制定有关节能监测的法规、标准和技术规范等；

（7）承担国家节能主管部门委托的其他有关节能监测的工作；

（8）负责与国家技术监督局一起组织评审组，对有关节能监测机构进行计量认证，负责各级节能监测机构的职能审定。

2. 各省级节约能源监测中心的主要职责

（1）组织开展全省（自治区、直辖市）节能监测工作，协助同级人民政府能源主管部门编制节能监测工作计划和监测人员培训计划；

（2）对各省辖市、地区及省级行业节能监测站进行业务管理和技术指导，对其所有监测人员进行技术、业务培训和考核；

（3）组织开展监测新标准、新方法与新技术的研究和推广，开展节能监测情报交流和技术合作，搜集、整理、储存节能监测数据和资料，参与制定节能监测方法、标准和技术规程，定期向政府节能主管部门和全国节能监测管理中心汇总、上报节能监测材料；

（4）承担省级行业和省辖市、地区监测技术纠纷的仲裁；

（5）受政府节能主管部门委托，可直接对供、用能单位进行监测，提出处理意见和建议，对监测不合格的单位提出处理意见报政府节能主管部门审定等；

（6）受政府节能主管部门委托，参加建设项目的能源合理利用评价；

（7）承担全国节能监测管理中心和省级人民政府节能主管部门委托的其他工作。

3. 节能监测机构的计量认证和职能审定

根据《中华人民共和国计量法》《节约能源管理暂行条例》《节能监测管理暂行规定》等规定，节能监测机构作为向社会提供公证数据的单位，必须经过相应的计量认证和职能审定，才能开展节能监测工作。

节能监测机构计量认证考核的六个方面是组织机构、仪器设备、检测工作、人员、环境和工作制度。节能监测机构部分要对节能监测机构的性质、任务、隶属关系、从事节能监测工作的历史、人员及设备概况予以简要地说明，并附有节能监测机构情况简表及有关文件，要声明自己的节能监测工作的质量方针，并列出监测项目、监测技术标准、监测实施细则、目录及监测能力分析表，同时给出组织机构框图和质量保证体系图。

计量认证的程序包括申请、初查、预审和正式评审。评审组的组成和认证中的工作程序都有相应的规定，节能监测机构应向评审组及时提供其所需的各种有关文件资料。

计量认证合格后，按照节能监测机构的级别，分别由国家或省级人民政府计量行政主管部门颁发计量认证合格证书。

节能监测机构的职能审定由已具备条件的节能监测机构自行向其节能

主管部门提出监测职能审定申请。按照节能监测机构的隶属关系，地方节能监测机构由所在省（自治区、直辖市）节能主管部门负责，行业节能监测机构由主管部门负责。申请职能审定的节能监测机构应由同级节能主管部门组建，有上级主管部门的批文或文件。申请职能审定的节能监测机构可以是独立的法人单位，也可以是挂靠在某一单位并具有该单位法人委托代理人资格的实体单位。

职能申定通过后，将向节能监测机构及其所属监测人员颁发由全国节能监测管理中心统一制作的节能监测证书和节能监测员证书。省级、部门行业及计划单列市节能监测中心及其监测人员，将由全国节能监测管理中心颁发证书；省辖市、地区节能监测站和行业节能监测站（二级节能监测站）及其监测人员，由省（自治区、直辖市）、部、局、总公司节能监测中心颁发证书。

在节能监测机构计量认证和职能审定实践中，二者可结合起来，组成统一的节能监测机构评审组，对节能监测机构进行计量认证和职能审定，分别报相应的技术监督部门和节能主管部门审查后颁发相应的证书。

三、节能监测的内容及监测标准

（一）节能监测的内容

节能监测的主要内容有：

（1）检测、评价合理使用热、电、油及主要载能工作状况；

（2）对供能质量等情况进行监督、检测；

（3）对节能产品的能耗指标进行监测、验证；

（4）对用能产品、工序的能耗进行检测、评价；

（5）对用能工艺、设备、网络的技术性能进行检测、评价；

（6）监察企业及其内部各供、用能单位的节能管理现状；

（7）参加新建、改建、扩建、节能技术改造工程（项目）和能源合理利用评价（论证）；

（8）对新建、改建、扩建、节能技术改造工程（项目）的节能效果检测、评价（竣工节能验收）；

（9）对节能特等炉能耗指标进行在线检测、评价；

（10）对节能特等工序进行审核、评价；

（11）对企业的能源计量完善程度和能源统计数据的准确性、可靠性进行监察；

（12）对企业进行综合节能监测。

（二）定期监测和不定期监测

节能监测分为定期监测（计划监测）和不定期监测（临时监测）两种。定期监测按照监测计划执行，不定期监测遇到下列情况之一可随时进行：

（1）企业对主要耗能设备、主要生产工艺进行重大更新、改造或企业用能结构发生较大变化时；

（2）用能单位有违反国家、国务院行业主管部门、省级人民政府或其节能主管部门有关能源管理规定的行为时；

（3）企业能耗指标有重大变化时；

（4）供能单位的供能质量发生变化，导致用能单位能耗上升时；

（5）国家、国务院行业主管部门、省级人民政府或其节能主管部门对能源利用有新规定时；

（6）企业申报节能特等炉、节能特等工序时；主管节能监测机构的节能主管部门认为有必要时。

（三）节能监测标准体系

节能监测标准是实施节能监测的执法依据，在国家能源标准体系中属于能源管理标准范畴。制定节能监测标准是完善我国节能立法、依法管理节能工作的一项重要基础工作。

节能监测的对象包括供能、用能的一切法人和自然人，节能监测的内容包括用能过程与设备的检测、合理用能评价和供能质量的监督等与节能有关的各个方面。

国家标准在全国各地区、各行业通用，行业标准在本行业通用，其他相关部门也可以采用，地方标准只在本地区适用。一般来说，地方标准是临时性的，行业标准可能是过渡性的，也可能是永久性的。

（四）节能监测标准的制定、管理

节能监测标准的制定工作由全国能源基础与管理标准化技术委员会统一归口，由全节能监测管理中心协助组织实施。

制定国家、行业、地方节能监测标准，一般应依据《节能监测标准体系规划方案》立项。对于规划方案未列入而监测工作确实需要的项目，行业部门或地方也可自行立项，制定相应的行业或地方标准，同时应上报国家标准化行政主管部门备案并通报能源管理分委员会。

（五）节能监测标准的特点

随着节能工作的开展，我国已建立一批能源基础与管理国家标准、行业标准及与能源管理有关的产品、测试、计算方法标准，在节能工作中发挥了重要的作用。

节能监测及其标准具有以下特点：

（1）节能监测属于节能执法行为，监测标准中必须有具体、明确的评价考核指标。在确定这些指标时，既要体现推进节能技术进步，有效地遏制能源浪费行为，又要考虑社会、企业实际的用能水平。在节能监测标准中不能把考核指标定得都能很轻松地达到，但也不能把指标定得太高。

（2）节能监测要简便易行。节能监测与企业能量平衡测定不同。

（六）节能监测标准与其他能源管理技术标准的关系

节能监测标准既然属于能源管理标准范畴，自然与原有的能源基础与管理技术标准有着千丝万缕的联系。

在制定节能监测标准，处理与原有能源管理技术标准的关系时，一般采用完全引用、部分引用和不予引用三种方法。

四、节能监测的程序及处罚

（一）节能监测的程序

行政执法的一个特点是必须按照规定程序进行相关工作。否则，可能导致节能监测结果不合法，并有可能由此而导致节能监测机构在因节能监测引起的行政诉讼中败诉。因此，节能监测程序绝不是一件可有可无、可遵守可不遵守的小事，而是保证节能监测工作正常进行、监测结果合法有效的重要一环。

节能监测一般应按以下程序进行：

（1）签发节能监测通知书。在对用能单位进行节能监测前，应根据监测种类及时通知用能单位；

（2）节能监测机构的监测人员在实施节能监测前要向被监测单位主管能源负责人了解其执行国家等节能主管部门有关节能法规、规章、制度的情况，巡视其主要耗能设备的运行、管理情况；

（3）实施节能监测（现场工作）；

（4）现场节能监测实施完毕后，应向被监测单位主管能源负责人口头通报节能监测初步结果；

（5）节能监测工作结束后，应提出节能监测报告，向被监测单位签发。节能监测报告应按照节能监测标准规定的格式或省级节能主管部门、节能监测中心及行业节能监测中心统一制定的格式编制。报告一般应包括以下内容：被监测单位、监测日期、监测通知号、监测项目、监测数据结果及其分析、相应的整改和处罚建议；

（6）根据节能监测结果，提出相应的处理意见，报相应的节能主管部门。

（二）节能监测的处罚

对于节能监测结果不合格的企业，要进行相应的处罚。根据具体情况，有不同的处罚尺度。

（1）对初次节能监测不合格的被监测单位，由节能监测机构提出并报相应的节能主管部门核准签发，向其发出《节能监测警告和限期整改通知书》，同时抄送被警告单位主管能源负责人。整改期限一般不超过一年，由节能主管部门进行督促，检查其实施情况。整改期满后，由原节能监测机构进行复测。

（2）对复测仍不合格的单位，从发出《节能监测警告和限期整改通知书》之日起，按浪费能源价值的一定倍数征收能耗超标加价费（在企业税后留利中列支不得摊入成本），并再次限期整改，整改期限一般不超过半年。

（3）对第二次复测仍不合格的单位，继续征收能耗超标加价费，并由节能监测机构提出，报经省级人民政府节能主管部门批准，可对其进行包括查封设备在内的进一步处罚。

（4）对于人为造成能源严重浪费的单位，除对单位进行处罚外，还要对单位负责人、单位主管能源负责人、单位能源主管部门负责人和直接责任者，按照管理权限给予行政处分，并给予经济处罚，由单位从本人工资中代为扣缴，汇入节能监测机构账户。

（5）被监测单位在对监测结果或监测处罚有异议时，可在接到节能监测报告或节能监测处罚通知书后规定期限内，向其主管部门提出预申诉，并抄送节能监测机构，由主管部门根据申诉内容进行调查、协调并做出相应处理。被监测单位仍不服时，可向省级节能主管部门提出正式申诉，并抄送其主管部门和节能监测机构。

（三）节能监测对用能单位的要求

用能单位有遵守国家、行业、省有关节能法规、规章的义务，在节能监测机构对其进行节能监测时，应积极进行协助和配合，提供必要的节能监测条件。主要有：

（1）用能单位接到节能监测通知后，应根据节能监测机构的具体要求做好准备工作，提供与监测有关的技术文件和资料，提供必要的配合人员和工作条件；

（2）被监测单位主管能源负责人或其委托的有关人员，应如实向节能监测人员介绍本单位执行国家、行业、省有关节能法规、规章的情况；

（3）如果因节能监测结果不合格接到《节能监测警告和限期整改通知书》，必须在一个月内提出由其主管能源负责人签署的整改实施计划，报相应的节能主管部门和节能监测机构；

（4）对通过银行托收的能耗超标加价费不得拒付；

（5）用能单位不得拒绝对其进行节能监测，对于无理拒绝监测或阻挠监测人员正常工作的，应按监测不合格处理，并视情节轻重，以被监测单位上一年能耗总量计算，每吨标准煤收取 1 ~ 5 元的能耗超标加价费。

第二节　测量的基础知识

一、测量

（一）测量的概念

测量是人类认识自然界中客观事物，并用数量概念描述客观事物，进而达到逐步掌握事物的本质和揭示自然界规律的一种手段，即对客观事物取得数量概念的一种认识过程。在这一过程中，人们借助于专门工具，通过试验和对试验数据的分析计算，求得被测量的值，获得对于客观事物定量的概和内在规律的认识。因此可以说，测量就是为取得未知参数值而做的，包括测量的误差分析和数据处理等计算工作在内的全部工作。该工作可以通过手动的或自动的方式来进行。

从计量学的角度讲，测量就是利用实验手段，把待测量与已知的同性质的标准量进行直接或间接的比较，将已知量作为计量单位，确定两者的比值，从而得到被测量量值的过程：其目的是获得被测对象的确定量值，关键是进行比较。

（二）测量与检测的联系与区别

检测主要包括检验和测量两方面的含义，检验是分辨出被测量的取值范围，以此来对被测量进行诸如是否合格等的判别。测量是指将被测未知量与同性质的标准量进行比较，确定被测量对标准量的倍数，并用数字表示这个倍数的过程。

（三）测量的意义

伟大的化学家、计量学家门德列耶夫说过："科学是从测量开始的，没有测量就没有科学，至少是没有精确的科学、真正的科学。"我国"两弹一星"元勋王大布院士也说过："仪器是认识世界的工具；科学是用斗量禾的学问，用斗去量禾就对事物有了深入的了解、精确的了解，就形成科学。"

信息产业将在 21 世纪成为世界发达国家的首要产业。信息产业的要素包括信息的获取、存储、处理、传输和利用，而信息的获取正是靠仪器仪表来实现的。如果获取的信息是错误的或不准确的，那么后面的存储、处理、传输都是毫无意义的。所以，仪器仪表制造业是信息产业的龙头。

人类的知识许多是依靠测量得到的。在科学技术领域内，许多新的发现、新的发明往往是以测量技术的发展为基础的，测量技术的发展推动着科学技术的前进。在生产活动中，新工艺、新设备的产生，也依赖于测量技术的发展水平。而且，可靠的测量技术对于生产过程自动化、设备的安全以及经济运行都是必不可少的先决条件。无论是在科学实验中还是在生产过程中，一旦离开了测量，必然会给工作带来巨大的盲目性。只有通过可靠的测量，正确地判断测量结果，才有可能进一步解决自然科学和工程技术上提出的相关问题。

（四）测量的构成要素

一个完整的测量过程包含六个要素，它们分别是：（1）测量对象与被测量；（2）测量环境；（3）测量方法；（4）测量单位；（5）测量资源，包括测量仪器与辅助设施、测量人员等；（6）测量结果和数据处理。

例如，用玻璃液体温度计测量室温。在该测量中，测量对象是房间，被测量是温度，测量环境是常温常压，测量方法是直接测量，测量单位是℃（摄氏度），测量资源包括玻璃液体温度计和测量人员。经误差分析和数据处理后，获得测量结果并表示为 t=（20.1±0.02）。

二、测量方法

测量方法就是实现被测量与标准量比较的方法，按照获得测量参数结果所用方法的不同，通常把测量方法分为直接测量法、间接测量法和组合测量法。

（一）直接测量法

凡是将被测参数与其单位量直接进行比较，或者用测量仪表对被测参数进行测量，其测量结果又可直接从仪表上获得（不需要通过方程式计算）的测量方法，称为直接测量法。例如，使用温度计测量温度。直接测量法有宣读法和比较法两种。

所谓宣读法就是直接从测量仪表上读得被测参数的数值，如用玻璃管式液体温度计测温度。这种方法使用方便，但一般准确度较差。

比较法是利用一个与被测量同类的已知标准量（由标准量具给出）与被测量比较而进行测量。因常常要使用标准量具，所以测量过程比较麻烦，但测量仪表本身的误差及其他一些误差在测量过程中能被抵消，因此测量准确度比较高。

（二）间接测量法

通过直接测量与被测量有某种确定函数关系的其他各个变量，然后将所测得的数值代入该确定的函数关系进行计算，从而求得被测量数值的方法，称为间接测量法。例如，用压差式流度计测量标准节流件两侧的压差，进而求得被测对象的流量。该方法测量过程复杂费时，一般应用在以下情况：

（1）直接测量不方便；

（2）间接测量比直接测量的结果更为准确；

（3）不能进行直接测量的场合。

（三）组合测量法

在测量两个或两个以上相关的未知量时，通过改变测量条件使各个未知量以不同的组合形式出现，根据直接测量或间接测量所获得的数据，通过解联立方程组以求得未知量的数值，这类测量称为组合测量法。

组合测量法在实验室和其他一些特殊场合的测量中使用较多。例如，建立测压管的方向特性、总压特性和速度特性曲线的经验关系式等。

注意间接测量法和组合测量法的区别。

间接测量法的直接测量量和被测量之间具有一个确定的函数关系，通过直接测量量即可唯一确定被测量；而组合测量法被测量和直接测量量或间接测量量之间不是单一的一个函数关系，需要求解根据测量结果所建立的方程组来获得被测量。

三、测量分类

在测量活动中，为满足各种被测对象的不同测量要求，依据不同的测量条件有着不同的测量方法。对测量方法可以从不同角度进行分类，除根据测量结果的获得方式或测量方法，除把测量分为直接测量、间接测量和组合测量三种外，常见的分类方法有以下几种。

（一）静态测量和动态测量

根据被测对象在测量过程中所处的状态，可以把测量分为静态测量和动态测量两大类。

1. 静态测量

静态测量是指在测量过程中被测量可以认为是固定不变的，因此不需要考虑时间因素对测量的影响。人们在日常测量中所接触绝大多数测量都是静态测量。对于静态测量，被测量和测量误差可以当作一种随机变量来处理。

2. 动态测量

动态测量是指被测量在测量期间随时间（或其他影响因素）发生变化。如弹道轨迹的测量、环境噪声的测量等。对这类被测量的测量，需要当和一种随机过程的问题来处理。

相对于静态测量，动态测量更为困难。这是因为被测量本身的变化规律复杂，测量系统的动态特性对测量的准确度有很大影响，实际上，绝对不随时间而变化的量是不存在的，通常把那些变化速度相对于测量速度十分缓慢的量的测量，近似简化为静态测量。

（二）等精度测量和不等精度测量

根据测量条件是否发生变化，可以把对某测量对象进行的多次测量分为等精度测量与不等精度测量。

1. 等精度测量

等精度测量是指在测量过程中，测量仪表、测量方法、测量条件和操作人员等都保持不变的测量方法。因此，对同一被测量进行的多次测量结果，可认为具有相同的信赖程度，应按同等原则对待。

2. 不等精度测量

不等精度测量是指测量过程中测量仪表、测量方法、测量条件或操作人员等中某一因素或某几个因素发生变化，使得测量结果的信赖程度不同的测量方法。对不等精度测量的数据应按不等精度原则进行处理。

（三）电量测量和非电量测量

根据被测量是否是电量这一属性，可以把测量分为电量测量和非电量测量。

1. 电量测量

电量测量是指电子学中有关量的测量，具体包括：

表征电磁能的量，如电流、电压、功率、电场强度等；

表征信号特征的量，如频率、相位、波形参数等；

表征元件和电路参数的量，如电阻、电容、电感和介电常数等；

表征网络特性的量，如带宽、增益、带内波动、带外衰减等。

2. 非电量测量

非电量测量是指非电子学中量的测量，如温度、湿度、压力、气体浓度、机械力、材料光折射率等非电学参数的测量。随着科学技术的发展与学科间的相互渗透，特别是为了自动测量的需要，有些非电量都设法通过适当的传感器转换为属于电量的电信号来进行测量。因此，对于非电量测量的领域，也需要了解一些基本电量测量的知识。

（四）工程测量与精密测量

根据对测量结果的要求，可以把测量分为工程测量与精密测量。

1. 工程测量

工程测量是指对测量误差要求不高的测量。用于这种测量的设备和仪表的灵敏度和准确度比较低，对测量环境没有严格的要求，因此，对测量结果只需给出测量值。

2. 精密测量

精密测量是指对测量误差要求比较高的测量。用于这种测量的设备和仪表应具有一定的灵敏度和准确度，其示值误差的大小需经计量检定或校准。在相同条件下对同一个被测量进行多次测量，其测得的数据一般不会完全一致。因此，对于这种测量往往需要基于测量误差的理论和方法，合理地估计其测量结果，包括最佳估计值及其分散性大小。有的场合，还需要根据约定的规范对测量仪表在额定工作条件和工作范围内的准确度指标是否合格做出合理判定。精密测量一般是在符合一定测量条件的实验室内进行，其测量的环境和其他条件均要比工程测量严格，所以又称为实验室测量。

此外，测量根据传感器的测量原理还可分为电磁法、光学法、超声法、微波法、电化学法等。根据敏感元件是否与被测介质接触，可分为接触式测量和非接触式测量。根据测量的比较方法，可分为偏差法、零位法和微差法。根据被测参数的不同，可分为热工测量（通常指温度、压力、流量和物位）、成分测量和机械量测量。

四、测量误差与测量不确定度

（一）测量误差

1. 基本概念

（1）误差（error）的定义

测量是一个变换、放大、比较、显示、读数等环节的综合过程。由于测量系统（仪表）不可能绝对准确，测量原理的局限、测量方法的不尽完善、环境因素和外界干扰的存在以及测量过程可能会影响被测对象的原有状态等，也使得测量结果不能准确地反映被测量的真值而存在一定的偏差，这个偏差就是测量误差。

误差只与测量结果有关，不论采用何种仪表，只要测量结果相同，其误差都是一样的。误差有恒定的符号，非正即负，如 −1，+2。而不应该写成 ±2 的形式，因为它表示被测量值不能确定的范围，不是真正的误差值。

（2）真值（true value）

测量结果只有在真值已知的前提下才能应用，而实际上很多情况真值都是未知的，通常用以下三种方法确定出真值。

①理论真值

通常把对一个量严格定义的理论真值叫作理论真值，如三角形三个内角和为 180°，垂直度为 90° 等。如果一个被测量存在理论真值，式中的真值应该由它来表示。由于理论真值在实际工作中难以获得，常用约定真值或相对真值来代替。

②约定真值

约定真值是对于给定不确定度所赋予的（或约定采用的）特定量的值。获得约定真值的方法通常有以下几种：

由计量基准、标准复现而赋予该特定量的值；

采用权威组织推荐的值。例如，由常数委员会（CODATA）推荐的真空光速、阿伏伽德罗常数等；

用某量的多次测量结果的算术平均值来确定该量的约定真值。

③相对真值

对一般测量，如果高一级测量仪表的误差小于等于低一级测量仪表误差的 1/3；对于精密测量，如果高一级测量仪表的误差小于等于低一级测量仪表误差的 1/10，则可认为前者所测结果是后者的相对真值。

2.误差的分类

根据测量误差的性质和出现的特点不同，一般可将测量误差分为三类，即系统误差、随机误差和粗大误差。

（1）系统误差

系统误差定义为：在重复性条件下，对同一被测量进行无限多次测量所得结果的平均值与被测量的真值之差。其特征是：在相同条件下，多次测量同一量值时，该误差的绝对值和符号保持不变，或者在条件改变时，误差按某一确定规律变化。前者称为恒值系统误差，后者称为变值系统误差。在变值系统误差中，又可按误差变化规律的不同分为线性系统误差、周期性系统误差和按复杂规律变化的系统误差。例如，用天平计量物体质量时砝码的质量偏差，刻线尺的温度变化引起的示值误差等都是系统误差。

在实际估计测量器具示值的系统误差时，常常用适当次数的重复测量的算术平均值减去约定真值来表示，又称其为测量器具的偏移（bias）。

由于系统误差具有一定的规律性，因此，可以根据其产生原因，采取一定的技术措施，设法消除或减小。也可以采用在相同条件下对已知约定真值的标准器具进行多次重复测量的办法，或者通过多次变化条件下的重复测量的办法，设法找出其系统误差变化的规律后，再对测量结果进行修正。

（2）随机误差

随机误差又称为偶然误差，其定义为：测得值与在重复性条件下对同一被测量进行无限多次测量所得结果的平均值之差。其特征是在相同测量条件下，多次测量同一量值时，绝对值和符号以不可预定的方式变化。

随机误差产生于实验条件的偶然性微小变化，如温度波动、噪声干扰、电磁场微变、电源电压的随机起伏、地面振动等。由于每个因素出现与否，以及这些因素所造成的误差大小，人们都难以预料和控制。所以，随机误差的大小和方向均随机不定，不可预见，不可修正。

虽然一次测量的随机误差没有规律，不可预见，也不能用实验的方法加以消除。但是，经过大量的重复测量可以发现，它是遵循某种统计规律的。因此，可以用概率统计的方法来处理含有随机误差的数据，对随机误差的总体大小及分布做出估计，并采取适当措施减小随机误差对测量结果的影响。

（3）粗大误差

粗大误差又称为疏忽误差、过失误差，是指明显超出统计规律预期值的误差。其产生原因主要是某些偶尔突发性的异常因素或疏忽，如测量方法不当或错误，测量操作疏忽和失误（如未按规程操作、读错读数或单位、记录或计算错误等），测量条件的突然较大幅度变化（如电源电压突然增高或降低、雷电干扰、机械冲击和振动等）等。由于该误差很大、明显歪曲了测量结果，故应按照一定的准则进行判别，将含有粗大误差的测量数据（称为坏值或异常值）予以剔除。

（4）误差间的转换

系统误差和随机误差的定义是科学严谨的，不能混淆。但在测量实践中，由于误差划分的人为性和条件性，使得它们并不是一成不变的，在一定条件下可以相互转化。也就是说一个具体误差究竟属于哪一类，应根据所考察的实际问题和具体条件，经分析和实验后确定。如一块电表，它的刻度误差在制造时可能是随机的，但用此电表来校准一批其他电表时，该电表的刻度误差就会造成被校准的这一批电表的系统误差。又如，由于电表刻度不准，用它来测量某电源的电压时势必带来系统误差。但如果采用很多块电表测此电压，由于每一块电表的刻度误差有大有小，有正有负，就使得这些测量误差具有随机性。

3.误差的来源

为了减小测量误差，提高测量准确度，就必须了解误差来源。而误差来源是多方面的，在测量过程中，几乎所有因素都将引入测量误差。在分析和计算测量误差时，不可能、也没有必要将所有因素及其引入的误差逐一计算。因此，要着重分析引起测量误差的主要因素。

（1）测量设备误差

测量设备误差主要包括标准器件误差、装置误差和附件误差等。

①标准器件误差

标准器件误差是指以固定形式复现标准量值的器具，如标准电阻、标准量块、标准砝码等，它们本身体现的量值，不可避免地存在误差。任何测量均需要提供比较有用的基准器件，这些误差将直接反映到测量结果中，造成测量误差。减小该误差的方法是在选用基准器件时，尽量使其误差值相对小些。一般要求基准器件的误差占总误差的 1/3 ～ 1/10。

②装置误差

测量装置是指在测量过程中，实现被测的未知量与已知的单位量进行比较的仪器仪表或器具设备。它们在制造过程中由于设计、制造、装配、检定等的不完善，以及在使用过程中由于元器件的老化、机械部件磨损和疲劳等因素而使设备所产生的误差，即为装置误差。

装置误差包括：在设计测量装置时，由于采用近似原理所带来的工作原理误差，组成设备的主要零部件的制造误差与设备的装配误差，设备出厂时校准与分度所带来的误差，读数分辨力有限而造成的读数误差，数字式仪表所特有的量化误差，模拟指针式仪表出于刻度的随机性所引入的误差，元器件老化、磨损、疲劳所造成的误差，仪表响应滞后现象所引起的误差等等。减小上述误差的主要措施是：根据具体的测械任务，正确选取测量方法，合理选择测量设备，尽量满足设备的使用条件和要求。

③附件误差

附件误差是指测量仪表所带附件和附属工具引进的误差。如千分尺的调整量杆等也会引入误差。减小该误差的办法是在购买设备时，要注意检查设备和附件的出厂合格证和检定证书。

（2）测量方法误差

测量方法误差又称为理论误差，是指因使用的测量方法不完善，或采用近似的计算公式等原因所引起的误差。如在超声波流量计中，忽略流速的影响；在比色测温中，将被测对象近似为灰体，忽略发射率变化的影响等。

（3）测量环境误差

测量环境误差是指各种环境因素与要求条件不一致而造成的误差。如对于电子测量，环境误差主要来源环境温度、电源电压和电磁干扰等；激光测量中，空气的温度、湿度、尘埃、大气压力等会影响空气折射率，因而影响激光波长，产生测量误差；高准确度的准确测量中，气流、振动也有一定的影响等等。

减小测量环境误差的主要方法是：改善测量条件，对各种环境因素加以控制，使测量条件尽量符合仪表要求。

（4）测量人员误差

测量人员即使在同一条件下使用同一台装置进行多次测量，也会得出不同的测量结果。这是由于测量人员的工作责任心、技术熟练程度、生理感官与心理因素、测量习惯等的不同而引起的，称为人员误差。

为了减小测量人员误差，就要求测量人员要认真了解测量仪表的特性和测量原理，熟练掌握测量规程，精心进行测量操作，并正确处理测量结果。

总之，误差的来源是多方面的，在进行测量时，要仔细地进行全面分析，既不能遗漏，也不能重复。对误差来源的分析研究既是测量准确度分析的依据，也是减小测量误差，提高测量准确度的必经之路。

（二）测量准确度、正确度和精密度

测量准确度表示测量结果与被测量真值之间的一致程度。在我国工程领域中俗称精度。测量准确度是反映测量质量好坏的重要标志之一。就误差分析而言，准确度反映了测量结果中系统误差和随机误差的综合影响程度。误差大，则准确度低；误差小，则准确度高。当只考虑系统误差的影响程度时，称为正确度；只考虑随机误差的影响程度时，称为精密度。

准确度、正确度和精密度三者之间既有区别，又有联系。对于一个具体的测量，正确度高的未必精密，精密度高的也未必正确。但准确度高的，则正确度和精密度都高，故一切测量要力求准确，也宜分清准确度中正确度与精密度何者为主，以便采取不同的提高准确度的措施。

第八章 压力容器节能管理基础知识

第一节 压力容器节能概述

压力容器主要用于完成介质的热量交换达到生产工艺过程所需要的将介质加热或冷却的目的。其主要工艺过程是物理过程，按传热的方式分为蓄热式、直接式和间接式三种。压力容器在化工、石油、动力等许多工业生产中占有重要地位，作为主要换热设备之一，主要用于冷凝器、蒸发器和再沸器等，应用非常广泛。

压力容器能效评价是综合考虑压力容器传热与流动特性，基于热力学第一、第二定律，对压力容器在运行工况下一系列参数的数据采集、处理，确定压力容器的能效指标，并综合评价压力容器的能效水平。

一、对高耗能特种设备节能的要求

压力容器属于高耗能特种设备，是石油、化工、冶金、电力等高耗能行业中广泛应用的能量交换设备。高耗能特种设备的运行能效不符合特种设备安全技术规范等有关规范和标准要求的，使用单位应当分析原因，采取有效措施，实施整改或者节能改造。整改或者改造后仍不符合能效指标要求的，不得继续使用。

二、压力容器节能监管方面面临的问题

压力容器是石油、化工、冶金、电力等高耗能行业中广泛应用的能量交换设备。压力容器的换热效率直接影响石油化工等行业的单位产品能效，目前我国压力容器的换热效率偏低，节能空间和经济价值都很大。

（一）压力容器节能法规标准不完善

属于高耗能特种设备的电梯、起重机械均在能效监测方面有比较完善

的法律法规体系文件，而同属于高耗能特种设备的压力容器在能效评价方面的技术法规、国家和行业标准却是空白。

（二）压力容器企业节能意识不够

由于我国能源价格偏低，能源消费成本占总成本的比重较小，作为节能主体的企业往往缺乏节能意识和相关管理人员，对节能重要性缺乏足够的认识。

（三）压力容器能效评价机构培育发展不足

由于缺乏相关的技术法规、标准的支撑，社会和使用单位对压力容器能效评价认识不足，相关压力容器能效评价服务市场尚未形成。

三、影响压力容器能效的主要因素

压力容器的种类很多，按结构分，可分为管壳式压力容器、蛇管式压力容器、套管式压力容器。由于结构和换热介质等方面的差异，各式换热器的换热效率差异较大。以下主要介绍同种压力容器在使用过程中影响其换热效率的几种因素。

（一）散热的影响

压力容器主要通过其表面的辐射和传导散热。散热的多少主要取决于压力容器外表面有无保温层、保温层的厚度和保温层的材料。对于一些低温压力容器，由于冷能比热能更难以获取，其保温效果对散热的影响更加明显。

（二）进出口冷热流体压力差

流体在压力容器中的阻力一般来源于黏性阻力、压差阻力。由于阻力的共同作用，导致流体进出口的总压力减少，损失的那部分机械能即流体运动损失。流体运动损失大小与压力容器的结构类型、流量、流体介质等有关。

在使用过程中，由于介质中带入的杂物易吸附在热交换面上，热交换面上往往出现结垢现象，严重时影响流道堵塞，导致进出口冷热流体压力差增大。压力容器还可能受介质流动冲蚀、介质腐蚀等影响发生介质内漏，造成高压侧介质向低压侧渗漏。对于固定管板式压力容器，由于换热管与管板间密封不到位或者温差应力引起开裂，较易产生介质内漏。此外，密封垫片老化或密封垫片选用不当、法兰螺栓螺母松脱等均会导致介质渗漏或泄漏。

（三）进出口冷热流体温度差

压力容器长期使用后易在热交换面上结垢，由于污垢或水垢的导热系数很小，仅为受热面金属的十分之一到数百分之一。随着污垢或水垢厚度的增加，增大了介质接触换热面的热阻，从而降低了压力容器的传热效率。

综上所述，可知无论出现压降增大、介质内漏、泄漏、结垢等哪一种情况，均会降低压力容器的换热效率，影响压力容器的正常运行。对于生产工艺要求高的工艺流程，如果发生介质内漏，则往往会影响最终产品的质量。近年来压力容器内漏、泄漏、结垢堵塞问题频频出现，尤其是石油加工区的压力容器，严重影响设备的安全运行。

压力容器的能效评价既能满足技术法规和标准对压力容器节能减排的要求，也能为企业带来一定的经济效益。此外，详细说明了影响压力容器换热效率的主要因素，对详细了解压力容器的异常状况、介质内漏、泄漏和结垢堵塞等有重要意义，并能对压力容器的使用状况给出相应的建议和意见，有助于压力容器的安全平稳运行。

第二节　压力容器节能途径

近年来，社会在快速发展，人们对环境建设的关注度越来越高，节约资源、保护环境已经渗透到大众的生活与生产中。节能降耗目前是很多行业重视的问题，也逐渐加大了对节能降耗的研发投入。节能降耗不仅需要在流程流体机械中表现，还要在过程的设备中表现出来。压力容器的节能降耗便是其中较为重要的部分，这也是国家在积极号召的节能降耗的政策。在我国，压力容器的产业是受国家能源部的管理的，要想提高压力容器的节能降耗能力，就需要从压力容器的设计入手，争取提高压力容器的节能降耗的能力。在控制成本的前提下，进行选择合适的材料，根据实际情况设计容器的结构大小，减少材料的浪费，确保能够降低能耗。本书对压力容器节能降耗设计情况进行阐述，并提出一些看法，希望能够对压力容器的设计提供一定参考。

压力容器的应用十分广泛，在很多行业中都发挥着重要的作用，作为一种特殊设备，压力容器是十分重要的。但是，在应用的过程中，其会产生很大的功耗，提高生产的成本。因此，如何减少压力容器的功耗是如今压力容器相关的行业十分重视的问题，压力容器的设计是降低其功耗的主要方法。压力容器的设计是一项十分复杂的工作，对设计人员的专业性要求很高。

在设计的最初阶段，就要做好设计方案，对使用的材料以及设计的结果进行仔细分析考量，综合各方面的因素进行考虑，最终要在保证压力容器的功能不变的情况下简化压力容器的设计结构，提高其使用年限。另外，设计还要紧贴实际，保证设备生产的难度不要太高，减少检测环节的压力，尽量降低压力容器的能耗。

一、压力容器设计节能降耗的原则及要求

压力容器对工业生产有着很大的影响，对于各个项目的安全性也有着较大的影响，另外，对压力容器的使用者安全性有着直接关系。所以，压力容器设计也受到我国相关行业的高度重视，并且我国也制定了相应的法律法规来规范压力容器的设计以及生产环节。目前，为了响应国家科学发展观的号召，在对压力容器进行设计时，要重视能源消耗的情况，要在设计时注重节能降耗，另外，还要尽可能地提高压力容器的质量，增加使用年限。

压力容器的设计是个复杂的工作，并且压力容器不仅在设计上需要严格把控，其生产安装到使用也需要严格地把控，按照公司与国家的规定严格进行，确保在所有操作过程中的高度规范与严谨。在对压力容器进行设计时，不能一味地追求功耗的降低，要根据实际情况进行综合考量，重点思考压力容器的使用质量以及安全问题，另外，节能降耗要作为重要的参考点。在对压力容器进行设计时，要高度注意各个设计环节的具体要求。第一步，要对各项设计的数据进行审核，提高数据的精确性以保证方案的经济性，因此，要对各项数据进行严格的审查，保证其具有准确性。减少设计方案因为设计数据的不准确而出现严重的错误，同时，也能减少相应材料的浪费。另外，要严格分析设计方案的材料要求，选择较为适合的材料。对于需要使用特殊材料的部分也要按照其使用情况采取适当的措施，是每种材料都能够发挥出最大的功效，在不影响质量的情况下提高对材料的使用情况以及经济效益。最后，要根据使用环境等情况对压力容器的内部结构进行简化，对其功能进行优化，通过换热效率的提升优化压力容器的工作。

二、提高压力容器设计中的节能降耗的有效措施

（一）结构的优化

经过长时间的发展，对压力容器的设计目前已经基本完善，但是，在

实际应用中仍存在一定的问题，不利于能耗的降低或者安全性的提高，因此，需要对出现的问题进行解决。在对压力容器进行设计的时候，要注意对应力的分配，尽量对应力进行综合分配，减少出现应力不均匀的情况。若出现相应的情况，会难以寻找最大应力点，导致对所使用的材料承受能力的估计难以进行，还会浪费更多的材料。另外，还会对压力容器的整体结构出产生一定的影响，不仅安全性能会受到影响，还会导致制造成本的增加。所以，要在适当的前提下对压力容器的内部设计进行优化，对其应力情况进行分析，将其合理控制在所使用材料的范围内，合理地使用相应的材料提高经济效益，并且达到节能降耗的目标。

（二）材料的合理使用

经济材料的使用是十分重要的一个环节，钢板也是压力容器最重要的部分。

如今社会上广泛使用的钢板主要分为碳钢板和复合钢板、高合金钢板等，在对钢板材料进行选择时，有必要结合实际应用等多因素进行考虑。对所选材料进行全面的评估，有必要考虑所选材料的实用性，了解材料的相应特性比如选择耐腐蚀材料等。另外，还要选择具有更高的强度和更好的可焊接性的材料，这样能够在后期更好地使用焊接机等设备对材料进行加工。除此之外，还要对机械加工的特点以及制作工艺进行综合考量，选择相对合适的材料，使得材料能够在加工后更好地进行应用，还有利于后期设备的维护与修理，在选择材料时，也要注意材料的经济性。

（三）数据设计的审核工作

对于压力容器设计的工作，较为重要的便是确保各项数据的准确性，包括设计的温度以及设计的压力等等，通过相应的数据得出压力容器的设计强度以及刚度等情况，这是压力容器的稳定性以及承受能力的重要指标。另外，还要注意压力容器内部的一些元件的物理与化学特性，这是压力容器设计的重要部分，对其结构设计以及数据的监测有着直接的影响，并且会对压力容器应用过程中的各项数据产生一定的影响。

（四）换热器结构的选择

换热器是压力容器重要的结构，换热器的性能对于压力容器性能的选择有着十分重大的影响，因此，对换热器结构的选择十分重要。

在对换热器进行设计时，要对换热器的工作环境等具体情况来进行选择，要尽量减少原材料的使用，另外，还要提高换热器的工作效率。可以采取抽出式的管束设计，有着后期保养方便的优点，并且能够适应多种环境的工作，如灰尘较多、温度变化大等。但是，它的设计结构较为复杂，并且其内部容易出现泄漏的情况，使用的原材料较多。换热器的选择还有固定管板式，具有结构简单、传热更好、耗材更少的优点，但是难以清洗、对工作环境要求严格。因此，在对换热器的设计进行选择时，要综合考虑，节约成本。

三、设计中渗透节能降耗的理念

压力容器的设计对其使用年限有着直接影响，压力容器若达不到使用的年限或者要求会导致材料的浪费并且会提高经济成本，违背节能降耗的设计理念。在实际应用的过程中，一些废旧的压力容器能够继续使用，可以对其进行相应的维修，验证其是否可以继续使用。对于使用年限较少并且还能够继续使用的压力容器，对其进行维护与改造，继续进行使用，能够降低成本与能耗。

综上所述，可持续发展已经成为全球的发展共识，要充分认识节能降耗的重要性，在对压力容器进行设计时，要在保证工作质量以及时间的前提下，尽量减少材料的使用，优化其内部结构，选择合适的材料，提高企业的经济效益。

第九章 基于新能源的节能技术基础探究

第一节 能量与能源分类

一、能量与能源

宇宙间一切运动着的物体都有能量的存在和转化，人类一切活动都与能量及其使用紧密相关，所谓能量，广义地说就是"产生某种效果（变化）的能力"，反之，产生某种效果（变化）的过程必然伴随着能量的消耗和转化。

在物理学中，能量定义为做功的本领，作为一个哲学上的概念，能量是一切物质运动、变化和相互作用的度量，具体而言，能量反映了一个由诸多物质构成的系统和外界交换功和热的能力的大小，利用能量从实质上来说就是利用自然界的某一自发变化来推动另一人为的过程，显然能量利用的优劣、利用效率的高低与具体过程密切相关，而且利用能量的结果必然和能量系统的始末状态相联系。

对能量的分类方法没有统一的标准，到目前为止，人类认识的能量有如下六种形式。

（1）机械能：是与物体宏观机械运动或空间状态相关的能量，包括固体和流体的动能、势能、弹性能及表面张力等，前两种称为宏观机械能。

（2）热能：构成物体分子的微观分子运动的动能表现为热能，其宏观表现是温度的高低，反映了分子运动的强度。

（3）电能：是和电子流动与积累有关的一种能量，通常是由电池中的化学能转化而来的，或是通过发电机由机械能转化而来的；反之电能也可以通过电动机转化为机械能，显示出电做功的本领。

（4）辐射能：是物体以电磁波形式发射的能量。

（5）化学能：是物质结构能的一种，即原子核外进行化学变化时放出的能量，按化学热力学定义，物质或物系在化学反应过程中以热能形式释放的内能称为化学能，人类利用最普遍的化学能是燃烧碳和氢。

（6）核能：是蕴藏在原子核内部的物质结构能，释放巨大核能的核反应包括核聚变反应和核裂变反应。

从物理学的观点看，能源可以简单地定义为做功的能力，广义而言，任何物质都可以转化为能量，但是转化的数量、转化的难易程度是不同的，世界上一切形式的能源的初始来源是核聚变、核裂变、放射线源以及太阳系行星的运行，还有另一类型的能源及物质在宏观运动过程中所转化的能量即所谓能量过程，例如，水的势能落差运动产生的水能及空气运动产生的风能等，因此，能源的定义可描述为：凡是能直接或经过转换而获取某种能量的自然资源（可简单理解为含有能量的资源）。

能量的单位与功单位一致，常用的单位是尔格、焦耳、千瓦·时，能源的单位也就是能量的单位，在实际工作中，能源还用煤当量（标准煤）和油当量（标准油）来衡量，1kg 标准煤的发热量为 29.3kJ。1kg 标准油的发热量为 41.8kJ，千克标准煤用符号 kgce 表示，千克标准油用符号 kgoe 表示，也可以用吨标煤（tce）或吨标油（toe）及更大的单位计量能源。

二、能源的分类

对能源有不同的分类方法，以能量根本蕴藏方式的不同，可将能源分为以下三类。

第一类能源是来自地球以外的太阳能，人类现在使用的能量主要来自太阳能，故太阳有"能源之母"的称法，现在，除了直接利用太阳的辐射能之外，还大量间接地使用太阳能源，例如目前使用最多的煤、石油、天然气等化石资源，就是千百万年前绿色植物在阳光照射下经光合作用形成有机质，而成长的根茎及食用它们的动物遗骸，在漫长的地质变迁中所形成的，此外如生物质能、流水能、风能、海洋能、雷电等，也都是由太阳能经过某些方式转换而形成的。

第二类能源是地球自身蕴藏的能量，这里主要是指地热能资源以及原子能燃料，还包括地震、火山喷发和温泉等自然呈现出的能量，据估算，地球以地下热水和地热蒸汽形式储存的能量，是煤储能的 1.7 亿倍，地热能是地球内放射性元素衰变辐射的粒子或射线所携带的能量，此外，地球上的核裂变燃料（锗、钍）和核聚变燃料（氘、氚）是原子核的储存体，即使将来每年耗能比现在多 1000 倍，这些核燃料也足够人类用 100 亿年。

第三类能源是地球与其他天体引力相互作用而形成的，这主要是指地球和太阳、月亮等天体间有规律而形成的潮汐能，地球是太阳系的九大行星之一，月球是地球的卫星，由于太阳系其他八颗行星或距地球较远，或质量相对较小，结果只有太阳和月亮对地球有较大的引力作用，导致地球上出现潮汐现象，海水每日潮起潮落各两次，这是引力对海水做功的结果，潮汐能蕴藏着极大的机械能，潮差常达十几米，非常壮观，是雄厚的发电原动力。

世界能源理事会推荐的能源分类如下：固体燃料；液体燃料；气体燃料；水力；核能；电能；太阳能；生物质能；风能；海洋能；地热能；核聚变能。

能源还可分为一次能源、二次能源和终端能源；可再生能源和非再生能源；新能源和常规能源；商品能源和非商品能源等。

由于能源形式多样，故有多种不同的分类方法，或按能源的来源、形成、使用分类，或从技术、环保角度进行分类，不同的分类方法，都是从不同的侧重点来反映各种能源的特征。

（一）按地球上的能量来源分

（1）地球本身蕴藏的能源：核能、地热能。

（2）来自地球外天体的能源：宇宙射线、太阳能，以及由太阳能引起的水能、风能、波浪能、海洋温差能、生物质能、光合作用、化石燃料（煤、石油、天然气）。

（3）地球与其他天体相互作用的能源，如潮汐能。

（二）按被利用的程度分（被开发利用的程度、生产技术水平和经济效益等方面）

（1）常规能源：又称传统能源，其开发利用时间长、技术成熟、能大量生产并广泛使用，如煤炭、石油、天然气、薪柴燃料、水能等。

（2）新能源：利用高新科学技术系统地研究开发，但是尚未大规模使用的能源，如太阳能、风能、地热能、潮汐能、生物质能等，核能通常也被看作新能源，新能源是在不同历史时期和科学技术水平条件下，相对于常规能源而言的。

（三）按获得的方法分

（1）一次能源：即自然界现实存在，可供直接利用的能源，如煤、石油、天然气、风能、水能等，一次能源可分为可再生能源和非再生能源。

（2）二次能源：是指由一次能源经过加工转换以后得到的能源，如电力、蒸汽、煤气、汽油、柴油、重油、液化石油气、酒精、沼气、氢气和焦炭等，它们使用方便，易于利益，是高品质能源，二次能源是联系一次能源和能源终端用户的中间纽带，二次能源又可分为"过程性能源"（如电能）和"合能体能源"（如柴油、汽油），过程性能源和合能体能源是不能互相替代的，各有自己的应用范围。

（四）按能否再生分

（1）可再生能源：可再生能源应是清洁能源或绿色能源，它包括太阳能、风能、海洋能、波浪能、水力、核能、生物质能、地热能、潮汐能、海洋温差能等，是可以循环再生、取之不尽、用之不竭的初级资源。

（2）非再生能源：包括原煤、原油、天然气、油页岩、核能等，它们是不能再生的，用掉一点，便少一点。

（五）按能源本身的性质分

（1）合能体能源：其本身就是可提供能量的物质，如石油、煤、天然气、地热、氢等，可以直接储存，因此便于运输和传输，又称为载体能源。

（2）过程性能源：是指由可提供能量的物质的运动所产生的能源，如水能、风能、潮汐能、电能等，其特点是无法直接储存。

（六）按对环境的污染情况分

（1）清洁能源：对环境无污染或污染很小的能源，如太阳能、水能、海洋能等。

（2）非清洁能源：对环境污染较大的能源，如煤、石油等。

（七）按是否能作为燃料分

（1）燃料能源：用作燃料使用，主要通过燃烧形式释放热能的能源，根据其来源可分为矿物燃料（如石油、天然气、煤炭等），核燃料（如铀、钍等），生物燃料（如木材、秸秆、沼气等），根据其形态可分为固体燃料（如煤炭、木材等），液体燃料（如汽油、酒精等），气体燃料（如天然气、沼气等），燃料能源的利用途径主要是通过燃烧将其中所含的各种形式的能量转换成热能，燃料能源是人类的主要能源。

（2）非燃料能源：无须通过燃烧而直接提供人类使用的能源，如太阳能、风能、水力能、海洋能、地热能等，非燃料能源所含有的能量形式主要有机械能、光能、热能等。

（八）按是否能作为商品分

（1）商品能源：具有商品的属性，作为商品经流通环节而消费的能源，目前，商品能源主要有煤炭、石油、天然气、水电和核电五种。

（2）非商品能源：常指来源植物、动物的能源，如农业、林业的副产品秸秆、薪柴等，人畜粪便及由其产生的沼气，太阳能、风能或未并网的小型电站所发出的电力等，非商品能源在发展中国家农村地区的能源供应中占有很大的比重。

此外，还有一些有关术语：如农村能源、绿色能源、终端能源等，也都是从某一方面来反映能源的特征。

三、能源的开发利用

（一）煤炭

煤炭是埋在地壳中亿万年以上的树木和植物，由于地壳变动等原因，经受一定的压力和温度作用而形成的含碳量很高的可燃物质，又称为原煤，由于各种煤的形成年代不同，碳化程度深浅不同，可将其分类为无烟煤、烟煤、褐煤、泥煤等几种类型，并以其挥发物含量和焦结性为主要依据，烟煤又可以分贫煤、瘦煤、焦煤、肥煤、漆煤、弱黏煤、不黏煤、长焰煤等。

煤炭既是重要的燃料，也是珍贵的化工原料，20 世纪以来，煤炭主要用于电力生产和在钢铁工业中供炼焦，某些国家的蒸汽机车用煤比例很大，电力工业多用劣质煤（灰分大于 30%）；蒸汽机车用煤则要求质量较高，灰分低于 25%，挥发分含量要求大于 25%，易燃并具有较长的火焰，在煤矿的附近建设的"坑口发电站"，使用了大量的劣质煤，直接转化为电能向各地输送，另外，煤转化的液体与气体合成燃料，对补充石油与天然气的使用也具有重要意义。

（二）石油

石油是一种用途广泛的宝贵矿藏，是天然的能源物资，但是石油是如何形成的，这一问题科学家还在争论，目前大部分的科学家都认同这个理论：

石油是由沉积岩中的有机物质变成的，因为在已经发现在油田中，99% 以上都是分布在沉积岩区，另外，人类还发现了现在的海底、湖底的近代沉积物中的有机物正在向石油慢慢地变化。

同煤相比石油有许多的优点：首先，它是释放得热量比煤大得多，每千克煤燃烧释放的热量为 5000kcal/kg，而石油释放的热量大于 10000kcal/kg；就发热而言，石油是煤的两三倍；石油使用方便，它易燃又不留灰烬，是理想的清洁燃料。

从已探明的石油储量看，世界总储量为 1043 亿吨，目前世界有七大储油区，第一是中东地区，第二是拉丁美洲地区，第三是苏联，第四是非洲，第五是北美洲，第六是西欧，第七是东南亚，这七大油区储油量占世界石油总量的 95%。

（三）天然气

天然气是地下岩层中以碳氢化合物为主要成分的气体混合物的总称，天然气是一种重要能源，燃烧时有很高的发热值，对环境的污染比较小，而且还是一种重要的化工原料，天然气的生产过程同石油类似，但比石油更容易生成，天然气主要由甲烷、乙烷、丙烷和丁烷等烃类组成，其中甲烷占 80% ～ 90%，天然气有两种不同的类型：一是伴生气，由原油中的挥发性组分所组成，约有 40% 的天然气与石油一起伴生，称油气田，它溶解在石油中或形成石油构造中的气帽，并对石油储藏提供气压；二是非伴生气，与液体油的积聚无关，可能是一些植物体的衍生物，60% 的天然气为非伴生气，即气田气，它埋藏得更深。

最近 10 年液化天然气技术有了很大发展，液化后的天然气体积为原来体积的 1/600，因此可以用冷藏油轮运输，运输到使用地后再予以气化，另外，天然气液化后，可为汽车提供方便的、污染小的天然气燃料。

（四）水能

水能资源最显著的特点是可再生、无污染，开发水能对江河的综合治理利用具有积极作用，对促进国民经济发展，改善能源消费结构，缓解由于消耗煤炭、石油资源所带来的环境污染有重要的意义，因此世界各国都把开发水能放在能源发展战略的优先地位。

（五）新能源

人类社会经济的发展需要大量能源的支持，随着常规能源资源的日益枯竭以及由于大量利用矿物能源而产生的一系列环境问题，人类必须寻找可持续的能源道路，开发利用新能源和可再生能源无疑是出路之一，随着煤炭、石油、天然气等常规能源储量的不断减少，新能源将成为世界新技术革命的重要内容，成为未来世界持久能源系统的基础，在技术上可行，在经济上合理，环境和社会可以接收；能确保供应和替代常规化石油能源的可持续发展能源体系。

第二节　能源的作用

一、可持续发展的概念

比较通俗的提法是：可持续发展是既满足当代人的需求又不危害后代人满足自身需求能力的发展，这一定义强调了可持续发展的时间维，而忽视了其空间维，可持续发展的内涵表现为如下几个方面：

（1）"发展"是大前提，是人类永恒的主题，为了实现全球范围的可持续发展，应把发展经济、消除贫困作为首要条件。

（2）"协调性"是中心，可持续发展是由于人与环境、资源间的矛盾引出的，因此可持续发展的基本目标是人口、经济、社会、环境、资源的协调发展。

（3）"公平性"是关键，其关键问题是资源分配和福利分享，它追求在时间和空间的公平分配，也就是代际公平和代内不同人群、不同区域和国家之间的公平。

（4）"科学技术进步"是必要保证，科学技术不但通过不断创造、发明、创新、提供新信息为人类创造财富，而且还可以为可持续发展的综合决策提供依据和手段，加深人类对自然规律的理解，开拓新的可利用的自然资源领域，提高资源的综合利用效率和经济效益，提供保护自然和生态环境的技术。

能源是国民经济的命脉，与人民生活和人类的生存环境休戚相关，在社会可持续发展中起着举足轻重的作用。

二、能源更迭与社会发展

回顾人类的历史，可以明显地看出能源和人类社会发展间的密切关系，人类社会经历了三个能源时期。

（一）薪柴时期

古代从人类学会利用"火"开始，就以薪柴、秸秆和动物的排泄物等生物质燃料来烧饭和取暖，同时以人力、畜力和一小部分简单的风力与水力机械作动力，从事生产活动，该时代延续了很长的时间，当时的生产和生活水平极低，社会发展迟缓。

（二）煤炭时期

18世纪的产业革命，以煤炭取代薪柴作为主要能源，蒸汽机成为生产的主要动力，于是工业得到迅速的发展，劳动生产力有了很大的增长，特别是19世纪末，电力开始进入社会的各个领域，电动机代替了蒸汽机，电灯取代了油灯和蜡烛，电力成为工矿企业的主要动力，出现了电话、电影，不但社会生产力有了大幅度的增长，而且人类的生活水平和文化水平也有极大的提高，从根本上改变了人类社会的面貌，这时的电力工业主要是依靠煤炭作为主要燃料。

（三）石油时期

石油资源的发展，开始了能源利用的新时期，特别是20世纪50年代，美国、中东、北非相继发现了巨大的油田和气田，于是西方发达国家很快地从以煤为主要能源转换到以石油和天然气为主要能源，汽车、飞机、内燃机车和远洋客货轮的迅猛发展，不但极大地缩短了地区和国家之间的距离，也大大促进了世界经济的繁荣，近40年来，世界上许多国家依靠石油和天然气，创造了人类历史上空前的物质文明。

进入21世纪，随着可控热核反应的实现，核能将逐渐成为世界能源的主角，一个清洁能源的时代也将随之到来，世界将变得更加繁荣和丰富多彩。

三、能源与国民经济

能源是现代化生产的主要动力来源，现代工业和现代农业都离不开能源动力。

在工业方面，各种锅炉、窑炉都要用油、煤和天然气作燃料；钢铁冶炼要用焦炭和电力；机械加工、起重、物料传送、气动液压机械、各种电机、生产过程的控制和管理都要用电力；交通运输需要动力、油和煤；国防工业需要大量的电力和石油，此外，能源还是珍贵的化工原料，从石油中可以提取 5000 多种有机合成原料，其中最重要的基本原料有乙烯、丙烯、丁二烯、苯、甲苯、二甲苯、乙炔等。

在现代农业中，农产品产量的大幅度提高，也是和使用大量能源联系在一起的，例如，耕种、收割、烘干、冷藏、运输都直接需要消耗能源；化肥、农药、除草剂又都要间接消耗能源。

世界各国经济发展的实践证明，在经济正常发展的情况下，能源消耗总量和能源消耗增长速度与国民经济生产总值和国民经济生产总值增长率成正比关系，这个比例关系通常用能源消费弹性系数来表示，该系数的大小与国民经济结构、能源利用效率、生产产品的质量、原材料消耗、运输以及人民生活需要等因素有关。

世界经济和能源发展的历史显示，处于工业化初期的国家，经济增长主要依靠能源密集工业的发展，能源效率也低，因此能源消费弹性系数通常大多大于1，到工业化后期，一方面经济结构转向服务业，另一方面技术进步促进能源效率提高，能源消费结构日益合理，因此能源消费弹性系数通常小于1。尽管各国的实际条件不同，但只要处于类似的经济发展阶段，它们就具有大致相近的能源消费弹性系数，发展中国家的能源消费弹性系数一般大于1，工业化国家能源消费弹性系数大多小于1，人均收入越高，弹性系数越低。

四、能源与人民生活

人们的日常生活离不开能源，随着生活水平的提高，所需的能源也越多，因此从一个国家人民的能耗量就可以看出一个国家人民的生活水平。

人均能源消费量，按目前世界情况，大致有以下三种水平：

（1）维持生存所必需的能源消费量，每人每年约 400kg 标准煤。

（2）现代化生产和生活的能源消费量，即为保证人们能丰衣足食、满足起码的现代化生活所需的能源消费量，为每人每年 1 200 ~ 1 600kg 标准煤。

（3）更高级的现代化生活所需的能源消费量，以发达国家的已有水平做参考，使人们能够享受更高的物质与精神文明，每人每年至少需要

2 000 ～ 3000kg 标准煤。

五、能源与环境

世界经济发展和环境是不协调的，经济发展和人口增长给环境造成了巨大的压力，对发展中国家这种情况尤为突出，从引起环境问题的根源考虑，环境问题可分为两类：由自然力引起的原生环境问题和由人类活动引起的次生环境问题，前者主要是指地震、洪涝、干旱、滑坡等自然灾害所引起的环境问题；后者可分为环境污染和生态破坏两大类型。

联合国最新公布的研究报告显示，在过去30年中，虽然国际社会在环保领域取得了一定的成绩，但全球整体环境状况持续恶化，国际社会普遍认为，贫困和过度消费导致人类无节制地开发和破坏自然资源，这是造成环境恶化的罪魁祸首。

环境问题是一个全球性问题，联合国环境署的报告表明，整个地球的环境正在全面恶化，主要表现在如下几个方面：

①南极的臭氧空洞正以每年一个美国陆地面积的速度扩大；

②空气质量严重恶化；

③温室气体的过度释放造成全球气候变暖，沿海低地和一些岛屿国家正在面临海水上涨的威胁；

④全球有十几亿人口生活在缺水地区，十几亿人的生活环境中没有生活污水排放装置；

⑤土壤流失严重，每年流失量达 20Gt；

⑥大量的动物濒临灭绝；

⑦淡水资源日益短缺。

人类从来没有像今天这样意识到和感受到生存环境所受到的威胁，社会也从来没有像现在这样期盼生活生存空间质量的改善。

能源作为人类赖以生存的基础，在其开采、输送、加工、转换、利用和消费过程中，都直接或间接地改变着地球上的物质平衡和能量平衡，必然对生态系统产生各种影响，成为环境污染的主要根源，能源对环境的污染主要表现在如下六个方面。

（一）温室效应

太阳射向地球的辐射能中约有1/3被云层、冰粒和空气反射回去；约

25%穿过大气层时暂时被吸收，起到增温作用，但以后又返回到太空；其余大约37%则被地球表面吸收，这些被吸收的太阳辐射能大部分在夜间又重新发射到天空，如果这部分热量遇到了阻碍，不能全部被反射出去，地球表面的温度就会增加。

空气中的二氧化碳和水蒸气等三原子气体都有相当大的辐射和吸收辐射的能力，这些气体的辐射和吸收有选择性，它们能让太阳的短波辐射自由地通过，同时却吸收地面发出的长波辐射，太阳表面温度约为6 000K，辐射能主要是短波；地球表面温度约为288K，辐射能主要为长波。这样，大部分太阳短波辐射可以通过大气层到达地面，使地球表面的温度升高；与此同时，由于二氧化碳等气体强烈地吸收地面的长波辐射，使散失到宇宙空间的热量减少，于是地面吸收的热量多，散失的热量少，导致地球气温升高，这就是"温室效应"。在主要的温室气体中，二氧化碳占49%，甲烷为18%，制冷剂CFC为14%，其他气体为13%，氧化二氮为6%。来源为：能源58.2%；农业21.2%；冷冻和空调设备15%；天然产生5.6%；其他来源1%。

近100多年来，全球气温总的趋势是上升的，20世纪80年代全球平均气温比19世纪下半叶升高了0.6℃，预测表明，当空气中二氧化碳浓度为目前的两倍时，地表面平均温度将上升1.54℃，这将引起南极冰山融化，导致海平面升高，并淹没大片陆地。

气候变化对自然生态环境系统已造成影响并将继续产生明显的影响，主要表现在如下几个方面：

（1）气候变化将改变植被群落的结构、组成及生物量，使森林生态系统的空间格局发生变化，同时也造成生物多样性减少等。

（2）冰川条数和面积减少，冻土厚度和下界会发生变化，高山生态系统对气候变化非常敏感，冰川规模将随着气候变化而改变，山地冰川普遍出现减少和退缩现象。

（3）气候变化导致湖泊水位下降和面积萎缩。

（4）农业生产的不稳定性增加，产量波动大；农业生产布局和结构将出现变动；农业生产条件改变，农业成本和投资大幅度增加。

（5）气候变暖将导致地表径流、旱涝灾害频率以及水质等发生变化；

水资源供需矛盾将更为突出。

（6）对气候变化敏感的传染性疾病的传播范围可能增加；与高温热浪天气有关的疾病和死亡率增加。

（7）气候变化将影响人类居住环境。

对于温室效应来说，最直接影响的是大气中的二氧化碳含量，由于大量燃烧化石燃料，使大气中二氧化碳浓度上升较快，据统计，全球每年因燃烧而产生的二氧化碳高达6Gt。

化石燃料燃烧所放出的二氧化碳和地球植被的破坏，是二氧化碳浓度增加的主要原因，能源工业同时也是甲烷气体的一个重要的产生源（20%），因此能源产业就成为减少温室气体排放行动的焦点。

减缓温室效应的对策如下：

①提高能源利用率，减少化石燃料的消耗量，大力推广节能新技术；

②开发不产生二氧化碳的新能源，如核能、太阳能、地热能、海洋能；

③推广绿化植树，限制森林砍伐，制止对热带森林的破坏；

④减缓世界人口增长速度，在农村发展"能源农场"，利用种植薪柴树木通过光合作用固定二氧化碳；

⑤采用天然气等低含碳燃料，大力发展氢能。

（二）酸雨

一般将pH值小于5.6的降水称为酸雨，可能引起雨水酸化的主要物质是SO_2和NOx，它们形成的酸雨占总酸雨量的90%以上，而这两类物质的90%是燃烧化石燃料造成的，中国的酸雨以硫酸为主，与以煤为主的能源结构有关。

酸雨会以不同的方式危害水生生态系统、陆生生态系统，腐蚀材料和影响人体健康，首先，酸雨会使湖泊变成酸性，引起水生物死亡；其次，酸雨是造成大面积森林死亡的原因；最后，酸雨还加速了建筑结构、桥梁、水坝、工业设备、供水管网和名胜古迹的腐蚀，影响人体健康。

（三）热污染

用江河、湖泊水作冷源的火力发电厂和其他工业锅炉、工业窑炉等用热设备，冷却水吸收热量后，温度将升高6℃~9℃，然后再返回自然水源，于是大量的排热进入自然水域，引起自然水温升高，从而形成所谓的热污染。

热污染会导致水中的含氧量减小，影响水中鱼类和其他浮游生物的生长，同时使水中藻类大量繁殖，破坏自然水域的生态平衡，热污染的主要来源是火电厂和核电站。

提高电厂和一切用热设备的热效率，不仅能量的有效利用率可提高，而且由于排热减少，对环境的热污染也可随之减轻。

（四）放射性污染

核燃料的开采与运输，核废渣的处理也会给环境造成污染，从污染物的人和生物的危害程度来看，放射性物质要比其他污染物严重得多，因此，从核能开发以来，人们就对放射性污染的防治极其重视，采取了一系列严格的措施，并将这些措施以法律的形式明确下来，例如，对核电站，国际原子能机构和我国国家安全局都制定了核电站厂址选择、设计、运行和质量保证四个法规。

（五）能源对人体健康的影响

能源对人体健康的影响是一种综合的影响，化石燃料燃烧时排放的大量粉尘、二氧化硫、硫化氢、NOx等除了污染环境外，还会影响人体健康。

另外，原煤中均含有微量重金属元素，这些微量重金属元素在燃烧过程中会随烟尘和炉渣排出，从而对大气、水、土壤产生污染，并影响人体健康。

能源对环境的影响是一种综合的影响，我国是发展中国家，改革开放以来，随着经济的迅速发展和人民生活水平的提高，环境污染也日趋严重，目前，全国半数以上的城市颗粒物排放超过国家的限定值；有50多个城市二氧化硫浓度超过国家二级排放标准，80%多的城市出现过酸雨等，因此，在提高能源利用率的同时大力治理能源所造成环境污染已是我国当务之急。

第三节 新能源的发展

一、太阳能

科学家们认为，太阳能是未来人类社会最适合、最安全、最绿色、最理想的替代能源，资料显示：太阳每分钟射向地球的能量相当于人类一年所耗用的能源（$8 \times 10^{11} kW/s$），相当于500多万吨煤燃烧时放出的热量，一年就有相当于170万亿吨煤的热量，现在全世界一年消耗的能量还不及它的万分之一，但是，到达地球表面的太阳能主机由千分之一至千分之二被植物吸收，并转变成化学能储存起来，其余绝大部分都散发到宇宙空间去了，其利用方式有如下三种。

①光—热转换，太阳能集热器以空气或液体为传热介质吸热，减少集热器的热损失可以采用抽真空或其他透光隔热材料，太阳能建筑分主动式和被动式两种，前者与常规能源采暖相同；后者是利用建筑本身吸收储存能量。

②光—电转换，太阳能电池的类型有很多，如单晶硅、多晶硅、非晶硅、硫化镉、砷化锌电池，非晶硅薄膜很可能成为太阳能电池的主体，缺点主要是光 G 电转换低，工艺还不成熟，目前太阳能利用转化率为 10%～20%，据此推算，到 2020 年全世界能源消费总量大约需要 25 万亿立升原油，如果用太阳能替代，只需要约 97 万千米的一块吸太阳能的"光板"就可实现，"宇宙发电计划"在理论上是完全可行的。

③光—化转换，光照半导体和电解液界面使水电离直接产生氢的电池，即光 G 化学电池。

二、风能

风能即地球表面大量空气流动所产生的动能，由于地面各处受太阳辐照后气温变化不同和空气中水蒸气的含量不同，因而引起各地气压的差异，在水平方向上，高压空气向低压地区流动，即形成风，风能资源决定于风能密度和可利用的风能年累积小时数，风能利用主要是风力发电和风力提水。

风电技术发展的核心是风力发电机组，世界上风电机组发展趋势如下。

①单机容量大型化，商品化的风电机组单机容量不断突破人们的预测，从 20 世纪 70 年代的 55kW 到 80 年代的 150kW，90 年代初期的 300kW 和后期的 600kW、750kW，目前 1.5MW 级以上的风电机组已成为市场上的主力机型。目前装机最多的是德国，1998 年安装的风电机组的单机平均容量是 783kW，2002 年达到 1395kW。丹麦 2002 年安装的风电机组的单机平均容量也达到 1 000kW。从目前世界趋势来看，发展大容量的风力机是提高发电量、降低发电成本的重要手段。

②大型风电机组研发和新型机组，延续 600kW 级风电机组 3 叶片、上风向、主动对风、带齿轮箱或不带齿轮箱的设计概念，扩大容量至兆瓦以上仍是技术发展的一个方向，如 BO G NUS 公司的 1MW 和 1.3MW，NORDEX

公司的 1MW 和 1.3MW，NEG MICON 公司的 1MW 和 1.5MW。

在几乎所有的兆瓦级风电机组中都采用变桨距，这是技术发展的一个重要方向，随着电力电子技术的发展和成本下降，变速风电机组在新设计的风电机组中占主导地位，如 NOR G DEX 公司在其 2.5MW 的风电机组中采用变速恒频方案，VESTAS、DEWIND、ENERCON、TACKE 等公司在其兆瓦级风电机组中都采用变速恒频、变桨距方案。

③海上风电机组，目前，运行中的风电机组主要是在陆地上，但近海风电新市场正在形成中（主要在欧洲），近海风力资源巨大，海上风速较高并较一致，海航风电机组的开发，容量为兆瓦级以上，美国通用电气公司开发出海上的 3.6MW 风机，2004 年实现商业化，丹麦的世界最大海上风电示范工程的规模为 16 万千瓦，单机容量为 2MW。

我国离网型风电机组的生产能力、保有量和年产量都居世界第一，主要为解决边远地区生活用电发挥重要作用，但对总电量的贡献甚少；在大型风机方面，我国目前已经掌握了 600kW 定桨距风电机组的技术，实现了批量生产；750kW 风力发电机组已有多台投入运行，国产化率达到 64%；自主研制开发的变桨距 600kW 风力发电机组，已有多台投入运行，国产化率达到 80% 以上；1000kW 风力机叶片国内已完成设计并开始生产，我国第一台国产 1.2MW 直驱式永磁风力发电机已经开始运行。

三、生物质能

即任何由生物的生长和代谢所生产的物质（如动物、植物、微生物及其排泄代谢物）中所蕴含的能量，直接用作燃料的有农作物的秸秆、薪柴等；间接作为燃料的有农业废弃物、动物粪便、垃圾及藻类等，它们通过微生物作用生成沼气，或采用热解法制造液体和气体燃料，也可制造生物炭，生物质能是世界上最为广泛的可再生能源。据估计，每年地区上仅通过光合作用生成的生物质总量就达 1440 亿 ~ 1800 亿吨（干重），其能量约相当于 20 世纪 90 年代初全世界总能耗的 3 ~ 8 倍，但是尚未被人们合理利用，多半直接当薪柴使用，效率低，影响生态环境。现代生物质能的利用是通过生物的厌氧发酵制取甲烷，用热解法生成燃料气、生物油和生物炭，用生物质制造乙醇和甲烷燃料，以及利用生物工程技术培育能源植物，发展能源农场。

四、核能

核能与传统能源相比，其优越性极为明显，1kg235铀裂变所产生的能量大约相当于2 500吨标准煤燃烧所释放的热量，现代一座装机容量为100万千瓦的火力发电站每年需200万～300万吨原煤，大约是每天8列火车的运量，同样规模的核电站每年仅需含铀235百分之三的浓缩铀28吨或天然铀燃料150吨，所以，即使不计算把节省下来的煤用作化工原料所带来的经济效益，只是从燃料的运输、储存上来考虑就便利和节省得多。据测算，地壳里有经济开采价值的铀矿不超过400万吨，所能释放的能量与石油资源的能量大致相当，如按目前速度消耗，充其量也只能用几十年，不过，在235铀裂变时除产生热能之外还产生多余的中子，这些中子的一部分可与238铀发生核反应，经过一系列变化之后能够得到239钚，而239钚也可以作为核燃料，运用这些方法就能大大扩展宝贵的235铀资源。

目前，核反应堆还只是利用核的裂变反应，如果可控热核反应发电的设想得以实现，其效益必将极其可观。核能利用的一大问题是安全问题，核电站正常运行时不可避免地会有少量放射性物质随废气、废水排放到周围环境，必须加以严格控制，现在有不少人担心核电站的放射物会造成危害，其实在人类生活的环境中自古以来就存在着放射性。数据表明，即使人们居住在核电站附近，它所增加的放射性照射剂量也是微不足道的。事实证明，只要认真对待，措施周密，核电站的危害远小于火电站。据专家估计，相对于同等发电量的电站来说，燃煤电站所引起的癌症致死人数比核电站高出50.1万倍，遗传效应也要高出100倍。

五、地热能

地热能即离地球表面5 000m深，15℃以上的岩石和液体的总含热量，据推算约为14.5×10^{25}J，约相当于4 948万亿吨标准煤的热量，地热来源主要是地球内部长寿命放射性同位素热核反应产生的热能。我国一般把高于150℃的称为高温地热，主要用于发电；低于此温度的称为中低温地热，通常直接用于采暖、工农业加温、水产养殖及医疗和洗浴等。截至1990年年底，世界地热资源开发利用于发电的总装机容量为588万千瓦，地热水的中低温度直接利用约相当于1137万千瓦。

地热能的开发利用已有较长的时间，地热发电、地热制冷及热泵技术都已比较成熟。在发电方面，国外地热单机容量最高达 60MW，采用双循环技术可以利用 100℃的热水发电，我国单机容量最高为 10MW，与国外还有较大差距。另外，发电技术目前还有单级闪蒸法发电系统、两级闪蒸法发电系统、全流法发电系统、单级双流地热发电系统、两级双流地热发电系统和闪蒸与双流两级串联发电系统等。我国适合于发电的高温地热资源不多，总装机容量 30MW 左右，其中西藏羊八井、那曲、郎久三个地热发电规模较大。

六、海洋能

海流也称洋流，它好比是海洋中的河流，有一定宽度、长度、深度和流速，一般宽度为几十海里到几百海里之间，长度可达数千海里，深度几百米，流速通常为 1～2 海里/小时，最快的可达 4～5 海里/小时。太平洋上有一条名为"黑潮"的暖流，宽度在 100 海里左右，平均深度为 400m，平均日流速 30～80 海里，它的流量为陆地上所有河流之总和的 20 倍。现在一些国家的海流发电的试验装置已在运行之中，水是地球上热容量最大的物质，到达地球的太阳辐射能大部分都为海水所吸收，它使海水的表层维持着较高的温度，而深层海水的温度基本上是恒定的，这就造成海洋表层与深层之间的温差。依热力学第二定律，存在着一个高温热源和一个低温热源就可以构成热机对外做功，海水温差能的利用就是根据这个原理。20 世纪 20 年代就已有人做过海水温差能发电的试验，1956 年在西非海岸建成了一座大型试验性海水温差能发电站，它利用 20℃的温差发出了 7 500kW 的电能。

第四节 新能源材料

一、绪论

材料和能源一样，是支撑当今人类文明和保障社会发展的最重要的物质基础。20 世纪 80 年代以来，随着世界经济的快速发展和全球人口的不断增长，世界能源消耗也大幅提升，石油、天然气和煤炭等主要化石燃料已经不能满足世界经济发展的长期需求，而且随着全球环境状况的日益恶化，产生大量有害气体和废弃物的传统能源工业已经越来越难以满足人类社会的发展要求。面对如此严峻的能源状况，我国为适应经济增长和社会可持续发展战略，大力发展各种新型能源及能源材料，众多有识之士一致认为，解决能源危机的关键是能源材料尤其是新能源材料的突破。材料科学与工程研究的范围涉及金属、陶瓷、高分子材料（如塑料）、半导体以及复合材料，通过各种物理和化学的方法来改变材料的特性或行为使它变得更有利用价值，这就是材料科学的核心。在21世纪中期，新技术的发展将继续改变我们的生活，材料科学将在其中发挥重要作用，更多具有特殊性能的材料将被研究出并被应用于我们的生活中。材料应用的发展是人类发展的里程碑，人类所有的文明进程都是以他们使用的材料来分类的，如石器时代、铜器时代、铁器时代等。这其中的有些时代持续了几个世纪，不过现在无论是主要材料的种类还是性能都发展得越来越快。21世纪是新能源发挥巨大作用的年代，显然新能源材料及相关技术也将发挥巨大的作用。

能源材料是材料的一个重要组成部分，有的学者将能源材料划分为新能源技术材料、能量转换与储能材料和节能材料等。在该分类中，新能源技术材料是核能、太阳能、氢能、风能、地热能和海洋潮汐能等新能源技术所使用的材料；能量转换与储能材料是各种能量转换与储能装置所使用的材料，是发展研制各种新型、高效能量转换与储能装置的关键，包括锂离子电池材料、镍氢电池材料、燃料电池材料、超级电容器材料和热电转换材料；节能材料是能够提高能源利用效率的各种新型节能技术所使用的材料，包括超导材料、建筑节能材料等能够提高传统工业能源利用效率的各种新型材料。综述国内外的一些文献观点，结合最近的研究工作，我们认为该分类中新能源材料的含义已经不能覆盖现在的技术发展。众所周知，现在新能源的概念已经发展到囊括太阳能、生物质能、核能、风能、地热能、海洋能等一次能源以及二次电源中的氢能等，甚至有的学者将新能源的含义扩充到包含太阳能、风能、地热能、潮汐能、波浪能、温差能、海流能、盐差能等方面，新能源是传统能源的有益补充，大力发展新能源、调整能源结构是我们当前和未来的必然选择。因此，我们认为新能源材料是指实现新能源的转化和利用以及发展新能源技术中所要用到的关键材料，它是发展新能源的核心和基础。从材料学本身和能源发展的观点看，能储存和有效利用现有传统能源的镍氢电池材料、嵌锂碳负极和 $LiCoO_2$ 正极为代表的锂离子电池材料、燃料电池材料、以 Si 半导体材料为代表的太阳能电池材料，以及以铀、氘、氚为代表的当前的研究热点和技术前沿包括高能储氢材料、聚合物电池材料、中温固体氧化物燃料电池电解制材料、多晶包膜太阳能电池材料等。

二、新能源材料

（一）太阳能电池材料

太阳能电池的研究是最近兴起的热点，其关键材料的研究是影响下一步应用的瓶颈，太阳能与风能、生物质能并称世界三大可再生洁净能源。目前多晶硅电池在实验室中转换效率达到了17%，引起了各方面的关注，砷化镓太阳能电池的转换效率已经达到20% ~ 28%，采用多层结构还可以进一步提高转换效率。

太阳能是各种可再生能源中最重要的基本能源，生物质能、风能、海洋能、水能等都来自太阳能，广义地说，太阳能包含以上各种可再生能源。太阳能作为可再生能源的一种，通过转换装置把太阳辐射能转换成热能利用的属于太阳能的直接转化和利用技术，通过转换装置太阳辐射能转换成电能利用的属于太阳能发电技术。光电转换装置通常是利用半导体器件的光伏效应原理进行光电转换的，因此又称太阳能光伏技术，光生伏特效应简称为光伏效应，是指光照使不均匀半导体或半导体与金属组成的不同部位直接产生电位差的现象，产生这种电位差的机理很多，主要的一种是由于阻挡层的存在。太阳能电池是利用光电转换原理，使太阳的辐射光通过半导体物质转变为电能的一种器件，这种光电转换过程通常称为"光生伏特效应"，因此太阳能电池又称为"光伏电池"。用于太阳能电池的半导体材料是一种介于导体和绝缘体之间的特殊物质，和任何物质的原子一样，半导体的原子也是由带正电的原子核和带负电的电子组成。半导体硅原子的外层有4个电子，按固定轨道围绕原子核转动，当受到外来能量的作用时，这些电子就会脱离轨道而成为自由电子，并在原来的位置上留下一个"空穴"。在纯净的硅晶体中，自由电子和空穴的数目是相等的，如果在硅晶体中掺入硼、镓等元素，由于这些元素能够俘获电子，它就成了空穴型半导体，通常用符号"P"表示；如果掺入能够释放电子的磷、砷等元素，它就成了电子型半导体，以符号"N"代表，若把这两种半导体结合，交界面便形成一个P–N结，太阳能电池的奥妙就在这个"结"上。P–N结就像一堵墙，阻碍着电子和空穴的移动，当太阳能电池受到阳光照射时，电子接收光能，向N型区移动，使N型区带负电，同时空穴向P型区移动，使P型区带正电，这样在P–N结两端便产生了电动势，也就是通常所说的电压。这种现象就是所说的"光生伏特效应"，如果这时分别在 P 型层和 N 型层焊上金属导线，接通负载后外电路便有电流通过，形成一个个电池元件，把它们串联、并联起来，就能产生一定的电压和电流，输出功率。制造太阳电池的半导体材料已知的有十几种，因此太阳电池的种类也很多，目前，技术最成熟并具有商业价值的太阳电池是硅太阳电池。

太阳能电池以材料区分有晶硅电池、非晶硅薄膜电池、铜钢硒电池、碲化镉电池、砷化镓电池等，以晶硅电池为主导由于硅是地球上储量第二大元素，作为半导体材料，人们对它研究得最多、技术最成熟，而且晶硅性能稳定、无毒，因此成为太阳电池研究开发、生产和应用中的主体材料。晶体硅材料制备的太阳能电池主要包括：单晶硅太阳电池、铸造多晶硅太阳能电池、非晶硅太阳能电池和薄膜太阳能电池。单晶硅电池具有电池转换效率高，稳定性好，但成本较高；非晶硅太阳电池生产效率高，成本低廉，但是转换效率较低，而且效率衰减得比较厉害；铸造多晶硅太阳能电池则具有稳定的转换效率，而且性能价格比最高；薄膜晶体硅太阳能电池现在还处在研发阶段，从固体物理学上讲，硅材料并不是最理想的光伏材料，这主要是因为硅是间接能带半导体材料，其光吸收系数较低，所以研究其他光伏材料成为一种趋势。其中，碲化镉和铜铟硒被认为是两种非常有前途的光伏材料，而且已经取得一定的进展，但是距离大规模生产还需要做大量的工作。

多晶硅电池材料中比较合适的衬底材料为一些硅或铝的化合物，如 SiC、Si_3N_4、SiO_2、Si、Al_2O_3、$SiA10N$、Al 等，制备多晶硅薄膜的工艺方法主要有以下几种：①化学气相乘积法（CVD 法）；②等离子体增强化学气相沉积法（PECVD 法）；③液相外延法（LPE）；④等离子体溅射沉积法。

太阳能电池在太阳能光电制氢、用户太阳能电源、交通领域、通信领域、海洋与气象领域、家庭灯具电源、光伏电站、太阳能建等都有重要的前景。

（二）生物质能材料

生物质能是新能源领域里的生力军，其应用非常广泛，这里仅简述其材料分类，材料的物理化学过程等原理不再专门论述。根据来源不同，能源利用的生物质分为林业资源、农业资源、生活污水和工业有机废水、城市固体废弃物、畜禽粪便五类。

（1）林业资源。林业资源是指森林生长和林业生产过程提供的生物能源，包括薪炭林、在森林抚育和间伐作业中的零散木材、残留的树枝、树叶和木屑等，木材采运和加工过程中的枝丫、锯末、木屑、板皮和截头等，林业副产物的废弃物，如果壳、果核等。

（2）农业资源。农业资源是指农业作物（包括能源植物），能源生产过程中的废弃物，如农作物秸秆（玉米秸、高粱秸、麦秸、豆秸、稻草等）；农业加工的废弃物，如农业生产过程中剩余的稻壳等，能源植物泛指各种提供能源的植物，通常包括草本能源植物、油料作物、制取碳氢化合物植物和水生植物等。

（3）生活污水和工业有机废水。生活污水主要是指城镇居民生活、商业和服务业的各种排水，如冷却水、洗浴排水、洗衣排水、厨房排水、粪便污水等；工业有机废水主要是酒精、酿酒、制糖、食品、制药、造纸及屠宰行业等生产过程中排出的废水等，富含有机物。

（4）城市固体废物。城市固体废物主要是指城镇居民生活垃圾、商业垃圾、服务业垃圾和少量建筑物垃圾等固体废物，其成分比较复杂，受当地居民的平均生活水平、能源消费结构、城镇建设、自然条件、传统习惯及季节气候变化等因素影响。

（5）畜禽粪便。畜禽粪便即畜禽排泄物的总称，是其他形态生物（主要是粮食、农作物秸秆和牧草）的转化形式，包括畜禽排出的粪便、尿及其与垫草的混合物。

（三）核能关键材料

目前核电的形势大好，很多业界人士认为"核能的春天已经再次到来"，核电工业的发展离不开核材料，任何核电技术的突破都有赖于核材料的首先突破，但目前我们的核材料整体性能还不能满足核电站的研制要求，性能数据不完整，材料品种比较单一（某些材料国内尚属空白），材料的基础研究不够重视，经济性有待进一步提高，核材料已成为制约新兴和电装置研制的瓶颈之一。

发展核能的关键材料包括：先进核动力材料、先进的核燃料、高性能燃料元件、新型核反应堆材料、铀浓缩材料等。

值得关注的是金属锆和金属铪，它们是核电工业不可或缺的消耗性金属材料。锆与铪的电子结构和理化性质相似，锆和铪由于提取方法复杂，产量较少，用途特殊，熔点高，属于稀有难熔金属一类。虽然锆并不稀少，它在地壳中的含量十分丰富，其丰富度为 0.0025（质量分数），超过了常用有色金属（如 Cu、Zn、Sn、Ni 和 Pb）的丰度；而铪的丰度也超过 Hg、Nb 和 U，由于自然界中的锆与铪总是共生在一起，没有单独的铪矿物存在，因此，采用特殊的化学－冶金联合方法分离锆和铪，就成为提取金属锆和金属铪最关键的一步。含锆和铪的天然硅酸盐称为锆英石或风信子石，它们具有多种美丽的颜色，常被认为属于宝石一类，与锆英砂一样具有工业开采价值的锆矿物还有斜锆矿，世界各地的锆铪矿物主要赋存于海滨砂矿矿床中，因此，它们多与钛铁矿、独居石、金红石、磷钇矿等共生，生产金属锆和金属铪的主要方法是金属热还原法，要先将锆英砂精矿经氯化，经镁还原制成海绵锆或海绵铪，在熔铸成锭以制造需要的型材。核动力是金属锆和铪主要的应用领域，可以说世界上锆铪工业的发展，特别是早期锆铪工业的建立，在很大程度上是因为锆铪在军事工业如核动力潜水艇、核动力航空母舰和航天器用小型核动力反应堆上的应用而发展起来的。目前锆铪在民用核能方面也有广阔的应用天地，由于核电站中铀燃料消耗及辐照影响，反应堆锆材每年需更换其中 1/3，使金属锆成为一种消耗性材料，日益显现其战略地位。

另外，铀及其转化物（天然铀、低浓铀的氟化物、氧化物和金属）、核燃料原件及组件（装有铀、钚等裂变物质，放在核反应堆内进行裂变链式反应的核心部件）、其他核材料及相关特殊材料（制造和燃料元件包壳、反应堆控制棒、冷却剂等特殊材料）、超铀元素及其提取设备（周期表中原子序数大于 92 的元素）等关键核能材料的研究已经系统化。

（四）镍氢电池材料

镍氢电池是近年来开发的一种新型电池，与常用的镍镉电池相比，容量可以提高一倍，对环境没有污染，它的核心是储氢合金材料，目前主要使用的是 RE 系、Mg 系和 Ti 系储氢材料，目前正朝着方形密封、大容量、高比能的方向发展。

镍氢电池和镍镉电池的外形相似，而且镍氢电池的正极与镍镉电池也基本相同，都是以氢氧化镍为正极，主要区别在于镍镉电池负极板采用的是镉活性物质，而镍氢电池是以高能储氢合金为负极，因此镍氢电池具有更大的能量，同时镍氢电池在电化学特性方面与镍镉电池也基本相似，故镍氢干电池在使用时可完全替代镍镉电池，而不需要对设备进行任何改造，镍氢电池的主要特性是：①镍氢电池能量比镍镉电池大两倍；②能达到 500 次的完全循环充放电；③用专门的充电器充电可在 1 小时内快速充电；④自放电特性比镍镉电池好，充电后可保留更长时间；⑤可达到 3 倍的连续高效率放电；可应用于照相机、摄像机、移动电话、计算机、PDA、各种便携式设备的电源和电动工具等，镍氢电池的优缺点是：放电曲线非常平滑，到电力快要消耗完时，电压才会突然下降。

覆钴球型氢氧化镍是用于镍氢电池的一种新型正极材料，用它制作电池时加入黏结剂后，可直接投入泡沫镍中，简化了电池生产工序，不增加成本，而性能显著改善，可提高性价比，是当今世界环境保护和电池材料的发展方向。

镍氢电池应用于几乎所有的电子产品（如移动电话、收录音机、计算机、照相机、游戏机等），已作为动力用于电动汽车及航天器中。另外，用稀土合金做的永磁材料具有极强的永磁特性，可以广泛应用于手表、照相机、录音机、激光唱盘机等上面，用这种材料做的电子或电器产品的体积可以大幅度地减小，这就像半导体取代电子管减小体积一样，在航天和航空开发方面尤其具有价值。

三、燃料电池材料

燃料电池是一种等温进行，直接将储存在燃料和氧化剂中的化学能高效、无污染地转化为电能的发电装置。它的发电原理与化学电源一样，电极提供电子转移的场所，阳极催化燃料（如氢）的氧化过程，阴极催化氧化剂（如氧）的还原过程；导电离子在将阴阳极分开的电解质内迁移，电子通过外电路做功并构成电的回路，但是 FC 的工作方式由于常规的化学电源不同，汽油、柴油燃料电池，是一种将氢和氧的化学能通过电极反应直接转换电能的装置。按电解质材料划分，燃料电池大致可分为五种：碱性燃料电池（AFC）、磷酸型燃料电池（PAFC）、固态氧化物燃料电池（SOFC）、熔融碳酸燃料电池（MCFC）和质子交换膜燃料电池（PEMFC）。另外，直接甲醇燃料电池（DMFC）、再生型燃料电池（RFC）也是现在研究得比较多的燃料电池，这些电池的基本材料学基础如下：

（1）AFC 电池使用稳定的氢氧化钾基质。

（2）PAFC 电池以磷酸为电解质，通常位于碳化硅基质中，较高的工作温度使其对杂质的耐受性较强，当其反应物中含有 1% ~ 2% 的一氧化碳和百万分之几的硫时，磷酸燃料电池照样可以工作。

（3）SOFC 电池工作温度比熔化的碳酸盐燃料电池的温度还要高，它们使用氧化钇、氧化锆等固态陶瓷电解质，而不是使用液体电解质。对于熔化的碳酸盐燃料电池而言，高温意味着这种电池能抵御一氧化碳的污染，一氧化碳会随时氧化成二氧化碳。固态氧化物燃料电池对目前所有燃料电池都有的硫污染具有最大耐受性，由于它们使用固态的电解质，这种电池比熔化的碳酸盐燃料电池更稳定，但它们要使用耐高温材料，价格较贵。

（4）MCFC 电池采用碱金属（Li、Na、K）的碳酸盐作电解质，电池工作温度为 876℃ ~ 973℃，在此温度下电解质呈熔融状态，载流子为碳酸根离子，典型的电解质组成（质量分数）为 62% 碳酸锂 +38% 碳酸钾。这种电池的高温能在内部重整诸如天然气和石油的碳氢化合物，在燃料电池结构内生成氢。在这样高的温度下，尽管硫是一个问题，而一氧化碳污染却不是问题了，且催化剂可用廉价的一类镍金属代替，其产生的多余热量还可被联合热电厂利用。

（5）PEMFC 也称聚合物电解质膜、固态聚合物电解质膜或聚合物电解质膜燃料电池，电解质是一片薄的聚合物膜，例如聚全氟磺酸，和质子能够渗透但不导电的 Nation。电机基本由碳组成，PEMFC 要广泛应用最主要的问题是制造成本，因为膜材料和催化剂均十分昂贵。另一个问题是这种电池需要纯净的氢才能工作，因为它们极易受到一氧化碳和其他杂质的污染，这主要是因为它们在低温条件下工作时必须使用高敏感的催化剂，当它们与能在较高温度下工作膜一起工作时，必须产生更易耐受催化剂系统才能工作。

（6）DMFC 电池是质子交换膜燃料电池的一种变种，它直接使用甲醇而不需预先重整。甲醇在阳极转换成二氧化碳和氢，如同标准的质子交换膜燃料电池一样，氢然后再与氧反应，其缺点是转换为氢和二氧化碳时要比常规的质子交换膜燃料电池需要更多的铂金催化剂。

（7）RFC 电池技术相对较新，这一技术与普通电池的相同之处在于它也用氢和氧来生电、热和水，其不同的地方在于它还能进行逆反应，也就是电解，燃料电池中生成的水再送回到以太阳能为动力的电解池中，在那里分解成氢和氧组分，然后这种组分再送回到燃料电池，这种方法就构成了一个封闭的系统，不需要外部生成氢。

四、新型储能材料

（一）概论

储能，又称蓄能，是指使能量转化为在自然条件下比较稳定的存在形态的过程，它包括自然的储能与人为的蓄能两类，按照储能状态下能量的形态，可分为机械储能、化学储能、电磁储能（或蓄电）、风能储存、水能储存等，和热有关的能量储能，不管是把传递的热量储存起来，还是以物体内部能量的方式储存能量，都称为蓄热。在能源的开发、转换、运输和利用过程中，能量的供应和需求之间，往往存在着数量、形态和时间上的差异，为了弥补这些差异，有效利用能源，常采取储能和释放能量的人为过程或技术手段，称为储能技术，储能技术的原理涉及能量转换原理，这里不再繁述。储能技术用途广泛，集中体现在以下几个方面：防止能量品质自动恶化，改善能源转换的过程的性能，方便经济地使用能量，降低污染和保护环境。在新能源利用中，更需要发展储能技术，在已知的不稳定能源利用方法中，如利用太阳能、海洋能、风能等发电。在能量输入与输出之间基本上仅设有能量转换装置，而存在于该领域中的最大问题是输入能量的不稳定性，使转换效率、装置安全性、装置稳定性等诸多方面存在无法克服的先天性缺点。

储能系统本身并不节约能源，它们的引入主要在于能够提高能源利用体系的效率，促进新能源（如太阳能和风能）的发展，以及对废热的利用。储能技术有很多，分类也烦琐，按储存能量的形态把这些技术分为四类：机械储能、蓄热储能、化学储能、电磁储能。

目前，储能技术需要研究的课题涉及提高电池的能源密度和寿命；开发新材料和材料改性，改进现有制造工艺和操作条件，针对便携式应用系统，研究的重点是开发锂离子、锂聚合物和镍氢电池；针对电动和混合动力汽车，重点研究 NiMH、锂离子、锂聚合物电池，提高能量和动力密度，开发超级电容器，降低成本、改进生产工艺、降低内部电阻是关键。开发 SMES 的重点内容是降低成本，获取高温超导材料和低温电力电子器件，对飞轮的研究应该集中在改进材料和制造工艺，以获取长期的稳定性、良好的性能和低成本。冷、热储能技术的研究目标应该综合不同用途，采取更有效的办法，例如，提高或降低温度水平，重点开发新材料，如相变材料。

（二）热能储存技术

热能虽然是一种低质量的能源，但是从它在所利用的全部能源中占60%这一点来看，储热的意义是很重大的。

采用水和碎石储热材料的太阳能房屋是潜热利用系统的一个具体例子，由于这些材料价廉、安全，因此在潜热储热系统中得到广泛应用。

所谓潜热，一般是在物质相变时才有，例如，冰融化时的熔解热等，这种相变一般有以下四种情况：①固体物质的晶体结构发生变化，例如，六方晶格的锆，在871℃的温度下，晶格变成体心立方型，此时相当于吸收了53kJ/kg的热量，为了利用这种潜热，人们研究了储热材料；②固、液相同的相变（即熔解、凝固），是指冰的融化，水的结冰，具体的应用实例有冰库等，利用这种潜热的有 $BeCl_2$、NaF、$NaCl$、$LiOH$、$LiNO_3$、KCl、B_2O_3、Al_2Cl_6、$FeCl_3$、$NaOH$、H_3PO4、KNO_3，而共熔混合盐储热物质有 $KCl \cdot KNO_3$、$NaCl \cdot NaNO_3$、$CaCl \cdot LiNO_3$、$BaCl_2 \cdot KCl \cdot LiCl$、$KF \cdot NaF \cdot KNO_3$、$NaCl \cdot NaNO_3 \cdot NaSO_4$、$KBr \cdot KCl \cdot LiCl$；③液、气相的相变（即气化、冷凝），相当于所述蒸汽储热器等场合的水的蒸发和蒸汽的冷凝；④固相直接变成气相（即升华），碘等若干物质具有这种现象，这里的升华热量大体等于熔解热和汽化热的和，据试验，固体碘在室温下，以0.31mmHg的压力升华时吸收的热量为245kJ/kg。

如上所述，相变有几种不同的形式，但相变时潜热也并非都可以用来储热，对潜热储热来说，最好的办法是利用熔解热，尽管相变时体积会有所变化，而且变化量也会因物而异，但和原物体相比最多差20%，因此，在选择这种储热材料，特别是选择盐类时应考虑以下几点：①该物质的熔点是否在规定的加热、冷却温度范围之内；②熔点变化大否；③相变时体积变化小否。

（三）相变储能材料

1. 概念与分类

相变储能材料是指在其物相变过程中，可以与外界环境进行能量交换（从外界环境吸收热量或者外界环境放出热量），从而达到控制环境温度和能量利用目的的材料。具体来说，PCM 从液态向固态转变时，要经历物理状态的变化，在这个过程中向环境吸热，反之则向环境放热，在物理状态发生变化的时候可储存或释放的能量成为相变热。一般来说，发生相变的温度是很窄的，PCM 在熔化或凝固过程中虽然温度不变，但吸收或释放的潜热却非常大。目前已知的天然合成的相变储能材料可以分为固—固相变储能材料、固—液相变储能材料；按照相变温度范围可以分为高储能材料、中储能材料、低储能材料；按成分又可分为无机物储能材料和有机物（包括高分子）储能材料，通常 PCM 有多组分构成，包括主储热剂、相变点调整剂、防过冷剂、防相分离剂、相变促进剂等。

2. 复合相变储热材料

复合相变储热材料既能有效克服单一的无机物或有机物相变储热材料存在的传热性能差以及不稳定的缺点，又可以改善相变材料的应用效果以拓展其应用范围。因此，研制复合相变储热材料已成为储热材料领域的热点研究课题，符合相变材料的应用涉及如下几个方面：①在建筑中的应用，即自动调温建筑墙体的自动调温材料、相变蓄热电加热地板、内墙调温壁纸、建筑物内空气和水加热系统（即 PCM 与太阳能、其他再生能源或使用夜晚低电价的热泵）、相变储能建筑围护结构；②电力调峰；③航天器仪器恒温及动力供应；④纺织品调温；⑤农业果蔬大棚温度调节；⑥改善发动机性能等。

不论开发出何种 PCM，都必须满足如下几个方面的要求：一是热性能要求，有合适的相变温度、较大的相变潜热和合适的导热性能（一般宜大）。二是化学性能要求，在相变过程中不应发生熔析现象，以免导致相变介质化学成分的变化；相变的可比性要好，过冷度应尽量小，性能稳定，无毒、无腐蚀、无污染；使用安全，不易燃、易爆或氧化变质；较快的结晶速度和晶体生长速度。三是物理性能要求，低蒸汽压，体积膨胀率要小，密度较大。四是经济性能要求，原料易购，价格便宜。

复合相变储热材料的制备方法主要有如下几种：①胶囊化技术；②利用毛细管作用将相变材料吸附到多孔基质中；③与高分子材料的复合制备 PCM；④无机 / 有机纳米复合 PCM 材料研究产生的符合纳米储能材料在储能材料方面成为新的生长点。

第十章 基于绿色建筑材料的特种设备节能技术探究

第一节 被动式节能技术

随着当今节能环保理念的不断深入，绿色居住建筑也获得了良好发展。而在绿色居住建筑中，被动式节能技术是一项关键技术。

被动式节能技术就是通过非机械形式的电子设备，让建筑设计方法和自然条件得以充分利用，以此来实现建筑能耗的显著降低。具体应用中，该技术对于设计有着很高的要求，但是对于科技的要求却比较低，设计人员可通过建筑物朝向的科学布置、遮阳装置的合理设置、建筑围护的良好优化等来达到绿色节能效果，让被动式节能技术发挥出充分优势。

被动式建筑节能技术是指以非机械电气设备干预手段实现建筑能耗降低的节能技术，具体指在建筑规划设计中通过对建筑朝向的合理布置、遮阳的设置、建筑围护结构的保温隔热技术、有利于自然通风的建筑开口设计等实现建筑需要的采暖、空调、通风等能耗的降低。被动式节能能充分利用自然资源达到节能的目的，因此得到了人们广泛的认可，被动式节能主要分为以下几个方面。

一、朝向

建筑的节能设计应考虑日照、主导风向、自然通风、朝向等因素。应避开冬季的主导风向并利于日照；夏季和过渡季应具有良好的自然风环境，改善建筑室内热环境，提高人的舒适度。建筑物的朝向应从采光、集热、通风三个角度综合考虑，还应考虑所在地区的地形、气候特点等，所以建筑物的最佳朝向是各个因素综合平衡的结果。

二、遮阳

遮阳设施能合理控制太阳光线进入室内，减少建筑空调和照明用电，改善室内光环境与热环境，使得建筑更符合以人为本的要求。目前遮阳的措施主要分为三类：①利用绿化遮阳；②利用建筑构件遮阳；③设置专门的遮阳设施。其中绿化遮阳是指采用周围植树、屋面绿化或者墙面绿化等措施遮阳，既有效又经济美观。利用建筑构件遮阳是指采用水平式、垂直式、综合式或者挡板式构件，结合气候条件、建筑朝向等设计的永久性的遮阳设施。设置专门的遮阳设施是指在窗口外、双层玻璃中、窗口内或者玻璃本身设置的遮阳卷帘、百叶帘或者自遮阳玻璃。应综合考虑建筑所处地域特点、功能要求等设置遮阳设施，做到符合建筑造型和使用功能要求的高质量室内环境建筑。

三、保温隔热

建筑围护结构对建筑整体耗能所带来的影响是非常大的，在具体的围护结构设计过程中，不仅需要考虑墙体的保温性能，还应该对于夏季的隔热散热要求提起足够的重视，争取在二者之间找到一种平衡。建筑围护结构包括墙、屋顶、门窗、地面等，围护结构的保温设计应包含围护结构自身的保温设计、交角处或者热桥处等特殊部位的保温设计。

综上所述，在当今的建筑工程设计与建设中，节能环保已经成为社会所关注的重点。而被动式节能技术的合理应用则是保障绿色居住型建筑节能效果的一项关键技术措施。具体设计与施工中，设计者和建筑单位应充分注重被动式节能技术的合理应用，使其在绿色居住型建筑工程中得以科学应用。同时，为有效保障该技术的具体应用效果，在完成施工之后，也应该进行科学的室内舒适度测试，并根据实际测试结果对不合理的位置加以科学改进。通过这样的方式，才可以让被动节能技术在现代绿色居住建筑工程项目中发挥出充分的技术优势，促进绿色居住建筑的良好应用与发展，在发展建筑行业与社会经济的基础上达到良好的节能环保效果。

第二节　主动式节能技术

主动式节能是指利用各种机电设备组成主动系统（自身需要耗能）来

收集、转化和储存能量，以充分利用太阳能、风能、水能、生物能等可再生能源，同时提高传统能源的使用效率。主动式节能对设备和技术的要求较高，一次性投入较大，但是主动式节能更加讲究舒适、健康、高效，是被动式节能的必要补充，同时也满足绿色建筑以人为本的原则。主动式节能主要分为以下几个方面。

一、室内环境调节系统

室内环境包括热环境、光环境、空气环境、声音环境等，室内环境调节主要包括空调通风系统调节和照明系统调节等。绿色建筑讲究以人为本，为人们创造一个健康、舒适的环境。空调通风系统的节能需要合理考虑冷热源、输配系统、末端系统和监测控制系统。地源热泵、水源热泵、空气源热泵等都是基于节能衍生出来的冷热源技术；输配系统的节能需要重视输送管道的保温，在穿墙的过程中注意防止形成的冷热桥；末端系统和监测系统则要根据不同区域、不同时段调节温度，提高设备利用效率。照明系统可以从采用高效节能灯具、光感及人员感应系统自动开关及补充日照、独立背景照明与工位照明相结合模式等方面进行节能技术的考虑。

二、智能调节系统

智能控制已经渗透到建筑节能的方方面面，包含变配电系统、照明系统、空调与冷热源系统、给排水系统、电梯系统等等。主要功能可以简单总结为：自动监视和控制智能建筑中各个电气与机械设备的运行状态，并根据需要显示；自动进行对水、电、燃气等的计量与收费，实现智能建筑中的能源管理自动化，还可以自动提供最佳能源控制方案，从而合理、经济的使用能源，节约能源。

三、可再生能源系统

可再生能源系统是主动式节能技术中重要的一部分，包括太阳能、风能、地热能、生物质能等。太阳能节能技术包括提供热水、光照，室内升温、降温，室内除湿，太阳能发电；风能在节能中的应用主要是风力发电和自然通风；地热能为建筑提供热源及热水；生物质能利用最多的就是沼气，废物利用，达到节能的目的。

四、对建筑节能技术的思考

（一）建筑节能技术要因地制宜

不同建筑物的外部气候条件、室内环境参数要求、使用模式等因素有较大的差异，不同的建筑节能技术也有不同的特点和使用条件，没有标准统一的建筑节能方案，使用节能技术要因地制宜，不能一概而论。

（二）建筑节能技术要综合考虑、建立体系

建筑节能是一项复杂的系统功能，应把各种学科、各种条件和能力、需求都整合起来，综合考虑，建立体系，不能顾此失彼，需要平衡各种需求和条件，而不是简单的规定和新技术的堆砌。

（三）建筑节能要计算全寿命周期的成本

发展节能型建筑，要计算全寿命周期的成本，即初期建造成本和消费期的消耗、维护运行成本，协调好开发商、建设单位、消费者等不同的利益主体之间的关系，形成合力，共同推进建筑节能的发展。

（四）建筑节能技术要以人为本

建筑节能要根据人的使用习惯差异化设计，要立足建筑是为人服务的关键点，为人们提供优良的建筑活动空间，从需求型转向舒适型，协调人与人、人与环境、人与建筑之间的关系。

（五）积极应用循环经济的理念及技术

循环经济的原则为减量化（reduce）、再使用（reuse）、再循环（recycle），以低消耗、低排放、高效率为基本特征，符合可持续发展理念的经济增长模式，是对"大量生产、大量消费、大量废弃"的传统增长模式的根本变革。建筑节能应积极应用循环经济的理念及技术，变废为宝、化害为利，减少资源的消耗和污染的排放。

随着绿色建筑观念的不断深入人心，创造绿色、节约、健康、舒适、方便的生活环境是人们共同的愿望，建筑节能技术也因此备受重视。建筑节能不是孤立的一个学科，它涉及建筑、材料、能源、智能化等等，随着各个学科的不断发展，相信未来将会出现越来越多成本低廉的建筑节能技术。

参考文献

[1] 王镇，刘大鸿，周拥民．特种设备现场安全监督检查工作手册 [M].北京：中国标准出版社 .2019.

[2] 钟海见主编．浙江省特种设备无损检测Ⅰ级检测人员培训教材 超声检测 [M].杭州：浙江工商大学出版社 .2019.

[3] 蒋军成，王志荣主编．工业特种设备安全 [M].北京：机械工业出版社 .2019.

[4] 机电类特种设备从业人员读本 [M].芒：德宏民族出版社 .2019.

[5] 特种设备金属材料加工与检测 [M].开封：河南大学出版社 .2019.

[6] 廖迪煜编著．基层特种设备安全监察简明手册 [M].北京：中国标准出版社 .2019.

[7] 廖迪煜编著．特种设备安全管理简明手册 [M].北京：中国标准出版社 .2019.

[8] 王兴权编．赤峰市特种设备检验所志 [M].北京：中国标准出版社 .2019.

[9] 沈功田，李光海，吴茉主编．特种设备安全与节能技术进展四。2018 特种设备安全与节能学术会议论文集 [M].北京：化学工业出版社 .2019.

[10] 史维琴主编．特种设备焊接工艺评定及规程编制 第 2 版 [M].北京：化学工业出版社 .2019.

[11] 高俊主编．内蒙古自治区特种设备检验院志 [M].海拉尔：内蒙古文化出版社 .2019.

[12] 公路桥梁工程特种设备安全技术与管理 [M].杭州市：浙江科学技术出版社 .2019.

[13] 孙仁山，李赵主编．承压类特种设备事故案例分析 [M].北京：中国劳动社会保障出版社 .2019.

[14] 丁日佳，张亦冰．基于监管视角的区域特种设备安全风险要素及预警研究 [M].北京：中国标准出版社．2019.

[15] 周存龙主编．特种轧制设备 [M].北京：冶金工业出版社．2019.

[16] 交通工程特种（专用）设备安全隐患识别与防范手册 [M].杭州：浙江科学技术出版社．2019.

[17] 张东升，师建国．矿井运输设备系统特性及关键技术研究 [M].北京：煤炭工业出版社．2019.

[18] 张燕娜主编．塔式起重机安装拆卸工 [M].北京：中国建材工业出版社．2019.

[19] 张栓成编著．锅炉水处理技术 [M].郑州：黄河水利出版社．2019.

[20] 帅小根编著．30 吨缆机专项管理技术与应用 [M].武汉：长江出版社．2019.

[21] 金樟民主编．机电类特种设备实用技术 [M].北京：机械工业出版社．2018.

[22] 黄国健，江爱华主编．特种机电设备失效分析案例解析 [M].广州：华南理工大学出版社．2018.

[23] 中国特种设备安全与节能促进会编著．特种设备安全监察 ABC[M].北京：新华出版社．2018.

[24] 特种设备法律法规及规章 [M].拉萨：西藏人民出版社．2018.

[25] 张前编著．特种设备安全监察实务手册 [M].江苏凤凰教育出版社．2018.

[26] 中国特种设备安全与节能促进会编著．特种设备安全监督管理概论 [M].北京：中国标准出版社．2018.

[27]《浙江省特种设备检验研究院志》编纂委员会编．浙江省特种设备检验研究院志 1958—2017[M].杭州：浙江科学技术出版社．2018.

[28] 姜奎书．特种设备无损检测人员超声二级培训习题集 [M].济南：山东教育出版社．2018.

[29] 何远山．特种设备无损检测人员射线二级培训习题集 [M].济南：山东教育出版社．2018.

[30] 吴丽娜．特种设备使用管理和双重预防机制建设实务 [M].北京：中

国标准出版社 .2018.

[31] 张永鸿 . 承压类特种设备从业人员读本、压力容器压力管道 [M]. 芒：德宏民族出版社 .2018.

[32] 何远山 . 渗透二级培训习题集 特种设备无损检测人员磁粉 [M]. 山东教育出版社 .2018.

[33] 薛正良，朱航宇，常立忠编著 . 特种熔炼 [M]. 北京：冶金工业出版社 .2018.

[34] 杨武成主编 . 特种与精密加工 [M]. 西安：西安电子科技大学出版社 .2018.

[35] 李慧民，周崇刚，裴兴旺等 . 特种筒仓结构施工关键技术及安全控制 [M]. 北京：冶金工业出版社 .2018.

[36] 陈晓春 . 饲料加工工艺与设备 [M]. 重庆市：重庆大学出版社 .2018.

[37] 陈兆兵，刘晓莉，郭伟 . 机电设备与机械电子制造 [M]. 汕头：汕头大学出版社 .2018.

[38] 黄伟 . 机电设备维护与管理 [M]. 北京：机械工业出版社 .2018.

[39] 阮少兰，刘洁主编 . 稻谷加工工艺与设备 [M]. 北京：中国轻工业出版社 .2018.

[40] 杨申仲主编；中国机械工程学会设备与维修工程分会，"机械设备维修问答丛书"编委会组编 . 机械设备维修问答丛书 压力容器管理与维护问答 第 2 版 [M]. 北京：机械工业出版社 .2018.

[41] 文应财主编 . 特种设备安全管理 [M]. 贵阳：贵州科技出版社 .2017.

[42] 辽宁省安全科学研究院组编 . 特种设备基础知识 [M]. 沈阳：辽宁大学出版社 .2017.

[43] 井德强主编 . 机电类特种设备质量监督概论 [M]. 西安：西北工业大学出版社 .2017.

[44] 高勇主编 . 机电类特种设备检验及安全性分析 [M]. 西安：西北工业大学出版社 .2017.

[45] 王晓桥主编 . 承压类特种设备安全节能检验与分析 [M]. 西安：西北大学出版社 .2017.

[46] 武永清编 . 自轮运转特种设备安全运用知识问答 [M]. 北京：中国铁

道出版社 .2017.

[47] 沈功田，李光海，吴茉主编 . 特种设备安全与节能技术进展 3。2016 特种设备安全与节能系列学术会议论文集 下 [M]. 北京：中国质检出版社 .2017.

[48] 沈功田，李光海，吴茉主编 . 特种设备安全与节能技术进展 3。2016 特种设备安全与节能系列学术会议论文集 上 [M]. 北京：中国质检出版社 .2017.

[49] 湖南省质量技术监督局编写 . 安特娃带你揭秘特种设备 [M]. 长沙：湖南教育出版社 .2017.

[50] 王践主编 . 安特娃带你揭秘特种设备 [M]. 长沙：湖南教育出版社 .2017.